"十四五"国家重点出版物出版规划项目

军事高科技知识丛书·黎 湘 傅爱国 主编

国家出版基金项目
NATIONAL PUBLICATION FOUNDATION

U0384074

导航定位系统及应用

刘小汇 李宗楠 欧 钢 ★ 主编

Navigation Positioning Systems and Applications

国防科技大学出版社

·长沙·

图书在版编目（CIP）数据

导航定位系统及应用／刘小汇，李宗楠，欧钢主编. -- 长沙：国防科技大学出版社，2024.7. --（军事高科技知识丛书／黎湘，傅爱国主编）. -- ISBN 978 - 7 - 5673 - 0653 - 0

Ⅰ. TJ861

中国国家版本馆 CIP 数据核字第 2024SW4096 号

军事高科技知识丛书

丛书主编：黎　湘　傅爱国

导航定位系统及应用

DAOHANG DINGWEI XITONG JI YINGYONG

主　　编：刘小汇　李宗楠　欧　钢

出版发行：国防科技大学出版社

责任编辑：吉志发　　　　　　　　　责任美编：张亚婷
责任校对：朱哲婧　　　　　　　　　责任印制：丁四元
印　　制：长沙市精宏印务有限公司　开　　本：710 × 1000　1/16
印　　张：19.25　　　　　　　　　　字　　数：285 千字
版　　次：2024 年 7 月第 1 版　　　印　　次：2024 年 7 月第 1 次
书　　号：ISBN 978 - 7 - 5673 - 0653 - 0
定　　价：136.00 元

社　　址：长沙市开福区德雅路 109 号
邮　　编：410073
电　　话：0731 - 87028022
网　　址：https://www.nudt.edu.cn/press/
邮　　箱：nudtpress@nudt.edu.cn

军事高科技知识丛书

主　　　编　黎　湘　傅爱国
副　主　编　吴建军　陈金宝　张　战

编 委 会

主 任 委 员　黎　湘　傅爱国
副主任委员　吴建军　陈金宝　张　战　雍成纲
委　　　员　曾　光　屈龙江　毛晓光　刘永祥
　　　　　　孟　兵　赵冬明　江小平　孙明波
　　　　　　王　波　冯海涛　王　雷　张　云
　　　　　　李俭川　何　一　张　鹏　欧阳红军
　　　　　　仲　辉　于慧颖　潘佳磊

总 序

孙子曰："凡战者，以正合，以奇胜。故善出奇者，无穷如天地，不竭如江河。"纵观古今战场，大胆尝试新战法、运用新力量，历来是兵家崇尚的制胜法则。放眼当前世界，全球科技创新空前活跃，以智能化为代表的高新技术快速发展，新军事革命突飞猛进，推动战争形态和作战方式深刻变革。科技已经成为核心战斗力，日益成为未来战场制胜的关键因素。

科技强则国防强，科技兴则军队兴。在人民军队走过壮阔历程、取得伟大成就之时，我们也要清醒地看到，增加新域新质作战力量比重、加快无人智能作战力量发展、统筹网络信息体系建设运用等，日渐成为建设世界一流军队、打赢未来战争的关键所在。唯有依靠科技，才能点燃战斗力跃升的引擎，才能缩小同世界强国在军事实力上的差距，牢牢掌握军事竞争战略主动权。

党的二十大报告明确强调"加快实现高水平科技自立自强""加速科技向战斗力转化",为推动国防和军队现代化指明了方向。国防科技大学坚持以国家和军队重大战略需求为牵引,在超级计算机、卫星导航定位、信息通信、空天科学、气象海洋等领域取得了一系列重大科研成果,有效提高了科技创新对战斗力的贡献率。

站在建校70周年的新起点上,学校恪守"厚德博学、强军兴国"校训,紧盯战争之变、科技之变、对手之变,组织动员百余名专家教授,编纂推出"军事高科技知识丛书",力求以深入浅出、通俗易懂的叙述,系统展示国防科技发展成就和未来前景,以飨心系国防、热爱科技的广大读者。希望作者们的努力能够助力经常性群众性科普教育、全民军事素养科技素养提升,为实现强国梦强军梦贡献力量。

校　　长

国防科技大学

政治委员

❖
❖

院士推荐

——

杨学军

强军之道，要在得人。当前，新型科技领域创新正引领世界军事潮流，改变战争制胜机理，倒逼人才建设发展。国防和军队现代化建设越来越快，人才先行的战略性紧迫性艰巨性日益显著。

国防科技大学是高素质新型军事人才培养和国防科技自主创新高地。长期以来，大学秉承"厚德博学、强军兴国"校训，坚持立德树人、为战育人，为我军培养造就了以"中国巨型计算机之父"慈云桂、国家最高科学技术奖获得者钱七虎、"中国歼 - 10 之父"宋文骢、中国载人航天工程总设计师周建平、北斗卫星导航系统工程副总设计师谢军等为代表的一茬又一茬科技帅才和领军人物，切实肩负起科技强军、人才强军使命。

今年，正值大学建校 70 周年，在我军建设世界一流军队、大学奋进建设世界一流高等教育院校的征程中，丛书的出版发行将涵养人才成长沃土，点燃科技报国梦想，帮助更多人打开更加宏阔的前沿科技视野，勾画出更加美好的军队建设前景，源源不断吸引人才投身国防和军队建设，确保强军事业薪火相传、继往开来。

中国科学院院士 杨学军

院士推荐

包为民

近年来，我国国防和军队建设取得了长足进步，国产航母、新型导弹等新式装备广为人知，但国防科技对很多人而言是一个熟悉又陌生的领域。军事工作的神秘色彩、前沿科技的探索性质，让许多人对国防科技望而却步，也把潜在的人才拦在了门外。

作为一名长期奋斗在航天领域的科技工作者，从小我就喜欢从书籍报刊中汲取航空航天等国防科技知识，好奇"在浩瀚的宇宙中，到底存在哪些人类未知的秘密"，驱动着我发奋学习科学文化知识；参加工作后，我又常问自己"我能为国家的国防事业作出哪些贡献"，支撑着我在航天科研道路上奋斗至今。在几十年的科研工作中，我也常常深入大学校园为国防科研事业奔走呼吁，解答国防科技方面的困惑。但个人精力是有限的，迫切需要一个更为高效的方式，吸引更多人加入科技创新时代潮流、投身国防科研事业。

所幸，国防科技大学的同仁们编纂出版了本套丛书，做了我想做却未能做好的事。丛书注重夯实基础、探索未知、谋求引领，为大家理解和探索国防科技提供了一个新的认知视角，将更多人的梦想连接国防科技创新，吸引更多智慧力量向国防科技未知领域进发！

中国科学院院士

费爱国

站在世界百年未有之大变局的当口，我国重大关键核心技术受制于人的问题越来越受到关注。如何打破国际垄断和技术壁垒，破解网信技术、信息系统、重大装备等"卡脖子"难题牵动国运民心。

在创新不断被强调、技术不断被超越的今天，我国科技发展既面临千载难逢的历史机遇，又面临差距可能被拉大的严峻挑战。实现科技创新高质量发展，不仅要追求"硬科技"的突破，更要关注"软实力"的塑造。事实证明，科技创新从不是一蹴而就，而有赖于基础研究、原始创新等大量积累，更有赖于科普教育的强化、生态环境的构建。唯有坚持软硬兼施，才能推动科技创新可持续发展。

千秋基业，以人为本。作为科技工作者和院校教育者，他们胸怀"国之大者"，研发"兵之重器"，在探索前沿、引领未来的同时，仍能用心编写此套丛书，实属难能可贵。丛书的出版发行，能够帮助广大读者站在巨人的肩膀上汲取智慧和力量，引导更多有志之士一起踏上科学探索之旅，必将激发科技创新的精武豪情，汇聚强军兴国的磅礴力量，为实现我国高水平科技自立自强增添强韧后劲。

中国工程院院士　费爱国

当今世界，新一轮技术革命和产业变革突飞猛进，不断向科技创新的广度、深度进军，速度显著加快。科技创新已经成为国际战略博弈的主要战场，围绕科技制高点的竞争空前激烈。近年来，以人工智能、集成电路、量子信息等为代表的尖端和前沿领域迅速发展，引发各领域深刻变革，直接影响未来科技发展走向。

国防科技是国家总体科技水平、综合实力的集中体现，是增强我国国防实力、全面建成世界一流军队、实现中华民族伟大复兴的重要支撑。在国际军事竞争日趋激烈的背景下，深耕国防科技教育的沃土、加快国防科技人才培养、吸引更多人才投身国防科技创新，对于全面推进科技强军战略落地生根、大力提高国防科技自主创新能力、始终将军事发展的主动权牢牢掌握在自己手中意义重大。

丛书的编写团队来自国防科技大学，长期工作在国防科技研究的第一线、最前沿，取得了诸多高、精、尖国防高科技成果，并成功实现了军事应用，为国防和军队现代化作出了卓越业绩和突出贡献。他们拥有丰富的知识积累和实践经验，在阐述国防高科技知识上既系统，又深入，有卓识，也有远见，是普及国防科技知识的重要力量。

　　相信丛书的出版，将点燃全民学习国防高科技知识的热情，助力全民国防科技素养提升，为科技强军和科技强国目标的实现贡献坚实力量。

中国科学院院士

◆
◆ ◆

院
士
推
荐
————

王
怀
民

　　《"十四五"国家科学技术普及发展规划》中指出，要对标新时代国防科普需要，持续提升国防科普能力，更好为国防和军队现代化建设服务，鼓励国防科普作品创作出版，支持建设国防科普传播平台。

　　国防科技大学是中央军委直属的综合性研究型高等教育院校，是我军高素质新型军事人才培养高地、国防科技自主创新高地。建校 70 年来，国防科技大学着眼服务备战打仗和战略能力建设需求，聚焦国防和军队现代化建设战略问题，坚持贡献主导、自主创新和集智攻关，以应用引导基础研究，以基础研究支撑技术创新，重点开展提升武器装备效能的核心技术、提升体系对抗能力的关键技术、提升战争博弈能力的前沿技术、催生军事变革的重大理论研究，取得了一系列原创性、引领性科技创新成果和战争研究成果，成为国防科技"三化"融合发展的领军者。

值此建校 70 周年之际，国防科技大学发挥办学优势，组织撰写本套丛书，作者全部是相关科研领域的高水平专家学者。他们结合多年教学科研积累，围绕国防教育和军事科普这一主题，运用浅显易懂的文字、丰富多样的图表，全面阐述各专业领域军事高科技的基本科学原理及其军事运用。丛书出版必将激发广大读者对国防科技的兴趣，振奋人人为强国兴军贡献力量的热情。

中国科学院院士

习主席强调，科技创新、科学普及是实现创新发展的两翼，要把科学普及放在与科技创新同等重要的位置。《"十四五"国家科学技术普及发展规划》指出，要强化科普价值引领，推动科学普及与科技创新协同发展，持续提升公民科学素质，为实现高水平科技自立自强厚植土壤、夯实根基。

《中华人民共和国科学技术普及法》颁布实施至今已整整 21 年，科普保障能力持续增强，全民科学素质大幅提升。但随着时代发展和新技术的广泛应用，科普本身的理念、内涵、机制、形式等都发生了重大变化。繁荣科普作品种类、创新科普传播形式、提升科普服务效能，是时代发展的必然趋势，也是科技强军、科技强国的内在需求。

作为军队首个"科普中国"共建基地单位，国防科技大学大力贯彻落实习主席提出的"科技创新、科学普及是实现创新发展的两翼，要把科学普及放在与科技创新同等重要的位置"指示精神，大力加强科学普及工作，汇集学校航空航天、电子科技、计算机科学、控制科学、军事学等优势学科领域的知名专家学者，编写本套丛书，对国防科技重点领域的最新前沿发展和武器装备进行系统全面、通俗易懂的介绍。相信这套丛书的出版，能助力全民军事科普和国防教育，厚植科技强军土壤，夯实人才强军根基。

中国工程院院士

导航定位系统及应用

主　　编：刘小汇　李宗楠　欧　钢

编写人员：牟卫华　倪少杰　徐子晨

　　　　　李　飞　袁粤林　于美婷

导航是一门古老而又现代的学科，早在远古时代，人们就能将物理地标和自然天体作为参照物来进行导航定位。随着人类活动范围的不断扩大，特别是 15 世纪开始的大航海时代和新航路的开辟，更是催生了各种导航仪器，如六分仪、航海钟，它们在一定程度上代表了当时科学技术发展的最高水平。到了 20 世纪，尤其是第二次世界大战以来，随着无线电技术和惯性导航技术的发展，导航逐步成为一门专门的技术，形成了较为完备的体系。以卫星导航系统为代表的无线电导航系统，在人类历史上首次实现了全球、全天候、全天时的导航定位和授时。而激光环形陀螺、量子陀螺等惯性导航系统的出现，又将导航定位的领域扩展到了深海、隧道、深空等无线电信号覆盖不到的地方。在海湾战争中大放异彩的战斧巡航导弹，作为地形匹配导航系统成功应用的典范，将匹配导航技术带入了高速发展的快车道。新一代导航技术如量子导航、脉冲星导航技术也逐渐从实验室阶段走入了产品阶段。在信息网络、精确制导、大数据和云计算技术飞速发展的今天，以人工智能为主导的无人化战争已发展成为新的战争形态。无人作战在战争代价、毁伤能力、打击速度上都远远优于上一代精确制导武器作战，而导航系统作为无人化战争中一个重要的传感器，可以给武器平台提供准确、可靠的位置、时间信息，将成为未来战争的核心要素。

本书的内容安排如下，第1章是概论，从导航定位的概念出发，介绍了导航系统的分类和技术指标，并简要分析了导航技术的发展历史。第2至第6章，每章分别介绍了不同的导航系统的工作原理及发展趋势和应用情况。第2章介绍惯性导航系统，它在各种武器平台装备中占有非常重要的地位，因而是世界各军事强国重点发展的技术领域之一。第3章介绍匹配导航系统，匹配导航属于自主导航，是一种辅助导航手段，采取导航信息匹配技术，将载体的实时位置信息与事先存储的导航数据进行匹配，以估算出载体偏离预定路线的信息，从而调整载体的运动状态来满足不同载体的导航定位需求。匹配导航系统在军用和民用领域有着重要的应用价值。第4章介绍无线电导航系统，它在卫星导航系统出现以前是航空飞行器的主要导航手段。第5章介绍卫星导航系统，它是二十世纪末至今发展最为迅猛的导航系统，由于卫星轨道和频率资源的稀缺，各个航天大国都争相在这个领域占领先机。第6章介绍组合导航及新型导航系统。在信息高度融合的今天，任何单一的导航手段均难以满足人们与日俱增的导航需求，组合导航技术由于能够将若干种优势互补的导航手段结合起来，达到"1＋1＞2"的显著效果，已成为目前导航领域最具发展前景的技术之一。脉冲星和量子导航两种新型的导航系统分别从宏观和微观两个技术路线进行探索，具有重要的战略意义和广阔的工程应用价值。第7章介绍了体系化作战条件下导航定位技术，重点介绍了卫星导航系统的安全性问题，围绕目前两个热点的问题（导航战和时间战）分别展开分析，接着介绍了定位、导航与授时（positioning navigation timing，PNT）体系的概念，最后展示了导航定位系统在军事上的应用案例。

本书由国防科技大学电子科学学院北斗科研团队编写，该团队一直专注从事北斗系统建设，先后承担北斗相关任务近百项，全面涵盖系统总体设计、卫星载荷、地面运控、测试保障和装备应用领域，在导航领域，特别是卫星导航领域有着较深的技术底蕴和工程经验。除编写组人员以外，参加各章内容整理和校对的还有周顺、王思鑫、王解、嵇志敏、王怡晨、文超、李星童等博士、硕士研究生，此外还感谢国防科技大学北斗工程型号总师庄钊文教授在本书编写形式方面给予的无私建议与帮助。由于编者能力有限，编写时间仓促，疏漏或不妥之处在所难免，敬请读者不吝指正。

作　者

2024 年 6 月

第4章　无线电导航系统　　　　　　73

第 1 章

概论

> 历史上的战争分为两类，一类是正义的，一类是非正义的。一切进步的战争都是正义的，一切阻碍进步的战争都是非正义的。
>
> ——毛泽东

自从人类出现最初的政治、经济和军事活动以来，便有了对位置和时间信息的需求。当人们第一次试图离开自己熟悉的环境、投入未知的世界，导航定位就成为不可或缺的重要技术。早在刀耕火种的时代，人类就有了对位置信息的需求，无论是在茂密丛林中打猎，还是在辽阔草原上放牧，或是在茫茫大海上航行，能否准确辨别方向始终是决定这些活动成败的关键要素。准确的位置信息总是能指引人们顺利到达目的地。navigation 一词最早是源于在海洋航行时的航海术，即运用各种手段为船舶指引方向，后来发展到陆地及航空领域，为行人、车辆或飞机提供方向指引。因此，navigation 的含义也逐渐扩展为"导航"，即为各种运载体提供位置信息。随着人们的政治军事和生产生活活动越来越复杂，位置信息不再是一成不变的，而是随着时间的推移发生变化，因此，与时间紧密相关的定位功能逐渐成为现代导航的基本功能。

1.1　基本概念

1.1.1　导航定位的定义

• 名词解释

— 导航 —

导航是一种为运载体提供实时位置信息的技术。它的基本作用是引导飞机、船舰、车辆和武器装备等运载体，安全准确地沿着所选定路线，准时到达目的地。

· · · · ·

定位，是指测定地面、海洋或空中一点相对于指定坐标系统的坐标，即确定一个点的位置的过程。导航，是指采用定位手段或控制方法确定运载体当前位置和目的地位置，并参照地理和环境信息引导运载体沿着合理的航线，抵达目的地的过程。导航，即引导航行，不仅需要实时、动态、连续的位置信息，还包括了如何利用这些位置信息来引导运载体从当前位置运动到目的地的过程。定位是导航的基础，导航一定需要定位，因为只有知道当前位置，才能进行有效的导航。随着定位技术的发展，导航技术也得到了相应的发展，两者相辅相成。

早在远古时代，人们就能够通过太阳或其他恒星来判断自己的方位。每当夜幕降临，在天空中就会出现一颗相对周围较亮的星，这就是北极星，古人也称"勾陈一"。另外，在北方的天空中，有七颗很明亮、排列整齐的星，这七颗星的连线类似一把长柄的斗，人们称之为"北斗七星"。北斗七星是天然的时空导航系统，古人发现北斗长柄每指向不同的方向，地上的季节也不相同。人们根据它主要指示的 24 个轨迹，构建了一种时空概念，确定了二十四节气的时间指标，也制定了罗盘上 24 个空间的指标。随后，人们又发现了地磁现象。战国时期出现的司南，就是利用天然磁石制成，它的样子像一把汤勺，放在平滑的"地盘"上能保持平衡，且可以自由旋转，当它静止时，勺柄指向南方。

到了明代，在公元 1405 年至 1433 年，郑和率众七次远航，前后经过和到达亚、非两洲的 30 多个国家和地区，为促进中国人民和亚非人民间的友好往来、通商贸易、文化交流做出了重要贡献，也为我国在海洋地理、海岸地形、海洋气象、海水深度等研究领域打下了坚实的基础。郑和下西洋比欧洲"地理大发现"早了半个多世纪。郑和七下西洋，是 15 世纪上半叶中国先进航海技术的一次高水平演练与检阅。《郑和航海图》记载，郑和广泛使用海图与航路指南，建立了具有航迹推算与修正意义的针路系统。这种技术以磁罗盘定航向、以更数定航程，并预先考虑航区的风、流压差等误差因素，使实际航迹与计划航迹相吻合。同时，引进阿拉伯的先进仪器与导航方法，建立横渡印度洋的过洋牵星系统，与中国传统的量天尺观测技术相结合，形成郑和过洋牵星术。这些技术组成了当时最先进的航海导航技术。郑和下西洋所使用的航海技术，是以海洋科学知识和航海图为依据，运用了指南针、航海罗盘、计程仪、探测仪等航海仪器，按照海图、针路簿记载来保证船舶的航行路线。

继郑和之后，意大利人哥伦布四次横渡大西洋，开辟了美洲航路。他使用了地文定位和航迹推算的方法，采用磁罗经测定航向，修正地磁偏差。在航速测定方面，他采用的是漂物测速法。新航路的开辟，打破了世界相对隔绝的状态，改变了世界历史的进程。它引发了商业革命，世界市场开始形成；它还带动了价格革命，为资产阶级革命和工业革命提供了基础。

现代，电子信息技术的发展也推动了导航技术的进步。除传统的航海导航外，飞机的发明给航空导航也带来了新的机遇和挑战。各种无线电导航系统的出现，为飞机的航行和着陆提供了精确的位置信息。

远古时代，导航与定位是人类生存与发展的需求，人们凭借原始的导航定位方式，实现出门远行，实现在大海和荒漠中长途跋涉而不迷失方向。近代，导航定位成为认识世界、改造世界的重要工具。现代，无处不在的空间位置信息实时服务，不仅极大地推动了人类社会政治、经济、文化领域的变革，而且还影响了人类生产方式和生活方式，使人类社会生活向更高层次发展。

1.1.2 导航系统的分类

导航由导航系统完成，导航系统是完成定位（导航）任务的仪器设备的总称。导航系统所完成的功能也叫作导航或导航服务。导航系统的分类方法有很多种，常见有两种：一是基于导航信息获取方式来划分，二是基于导航信息获取的自主性来划分。其中，导航信息是指由导航系统提供，用以完成导航任务的引导指示和导航对象的运动参数。下面详细介绍常见导航系统的分类方法。

1. 基于导航信息获取方式分类

根据测量导航对象运动参数所利用的物理原理和技术手段（获取方式）的不同，可将导航系统分为惯性导航系统、无线电导航系统、辅助导航系统和组合导航系统。

· 名词解释

– 惯性导航系统 –

惯性导航是通过测量载体的加速度（惯性），自主进行积分运算，获得载体瞬时速度和瞬时位置数据的技术。组成惯性导航系统的设备都安装在飞行器内，工作时不依赖外界信息，也不向外辐射能量，不易受到干扰，是一种自主式导航系统。

（1）军事特色鲜明的惯性导航系统

惯性导航系统（简称惯导）于20世纪60年代开始出现，首先在航海领域，然后在航空领域投入使用。惯性导航系统是军事特色鲜明的导航系统，它利用惯性仪器（或惯性器件）测量载体位置、速度、航向等导航参数。20世纪80年代前所用的惯性导航系统是平台式的，它以机电陀螺为基础，形成一个不随载体姿态和载体位置变动的稳定平台，保持着东、北、天三个方向的坐标系，载体的航向与姿态由陀螺仪及框架构成的稳定平台输出。惯性导航系统在武器平台中应用较为广泛，如战略导弹（图1-1）、核潜艇（图1-2）等。惯性导航系统的原理及应用将在第2章详细说明。

图1-1　战略导弹

图1-2　核潜艇

（2）应用广泛的无线电导航系统

· 名词解释

– 无线电导航系统 –

无线电导航系统是采用多个导航台发射无线电信号，利用无线电测量、信号与信息处理技术，来确定运载体导航信息的系统。在无线电导航系统中，运载体上的导航设备不能独立完成导航任务，需要在运载体外部导航台的配合下才能产生导航信息。

无线电导航系统是一大类导航系统的总称，包括无线电信标、伏尔导航系统、塔康导航系统、罗兰－A 和罗兰－C 系统、卫星导航系统等，无线电导航系统由导航台和导航设备两部分组成，导航台与运载体上的导航设备用无线电波相联系，构成无线电导航系统。导航台可以设在陆地、舰船、飞机上，甚至可以设在卫星上。根据导航台位置的不同，可将无线电导航系统分为星基无线电导航系统和陆基无线电导航系统（图 1－3）。

（a）星基无线电导航系统

（b）陆基无线电导航系统

图 1－3　无线电导航系统

（3）不可忽视的辅助导航系统

· 名词解释

－ 辅助导航系统 －

辅助导航系统通常不独立使用，而是通过弥补其他导航手段的弱点而发挥自身作用。辅助导航系统本身是可独立完成导航任务的，但独立使用时在成本、代价、精度等方面不如其他导航手段。

主要的辅助导航手段有天文导航、地磁匹配、重力匹配、地形匹配、景象匹配。其中，天文导航通过观测天体方向来测定运载体当前所在位置、航向。另外四种匹配导航的手段不同但原理很相似，都是通过地磁仪、重力仪、相机等设备测量出航路上的地磁场、重力场、地形、景象，再与事先测量存储的数据进行比对来完成定位。

（4）性能卓越的组合导航系统

· 名词解释

– 组合导航系统 –

组合导航系统是把两种或两种以上不同的导航设备或系统以适当的方式组合在一起，利用不同导航系统性能上的互补性以获得具有更高的导航性能的系统。

· · · · ·

常见的组合导航系统包括：

● 惯性 + 卫星组合导航系统：它是各种武器平台中最常见的组合导航系统；

● 惯性 + 卫星 + 景象匹配组合导航系统：某巡航导弹采用惯性 + 卫星 + 景象匹配组合导航，航程 1 300 ~ 1 800 千米，命中精度达 9 米；

● 惯性 + 重力仪组合导航系统：常规潜艇、战略核潜艇较常采用；

● 惯性 + 天文组合导航系统：空间站、宇宙飞船等各种航天器中较常采用。

此外，还有惯性 + 地形匹配组合导航系统、惯性 + 景象匹配组合导航系统，主要用于巡航导弹的导航。

2. 基于导航信息获取的自主性分类

按照导航信息获取的自主性，导航系统可以分为自主式导航系统和非自主式导航系统。

（1）自主式导航系统

自主式导航系统指导航设备能够独立产生导航信息，自主完成导航任务的导航系统。它不依赖于外部导航台，利用推算或匹配等方法得到载体当前的位置。

自主式导航系统的典型代表是惯性导航系统，它依靠自身的陀螺仪和加速度计的测量值推算出载体的位置和速度信息，不依赖外界的电磁波工作，所以隐蔽性和抗外界干扰能力强；同时惯性导航系统还可推算出运载体的三维位置、速度与航向姿态信息，提供了丰富的导航信息。

另一种自主式导航系统是多普勒导航系统，它由机载的多普勒导航雷达和导航计算机组成，利用多普勒效应，从飞机向斜下方发射的 2~4 个波束的回波中，检测出飞机相对于地面的飞行速度和方向。利用导航计算机，可以计算飞机当前的地理坐标、航向等多种导航信息。20 世纪 70 年代，因为它在当时是唯一工作范围不受限制的系统，设备价格低廉，定位精度高，所以在一些国家曾是飞机的主要导航设备。

天文导航也是一种自主式导航系统，传统的天文导航仪是光学六分仪（图 1-4），主要在航海中使用。六分仪的测量原理最先是由牛顿提出来的，如图 1-5 所示，六分仪具有扇状外形，其刻度弧为圆周的 1/6，使用时，观测者手持六分仪，转动指标镜，使在视场里出现的天体与海平面线重合，根

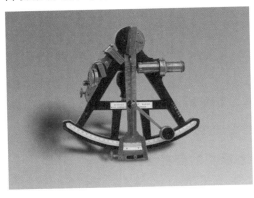

图 1-4　六分仪

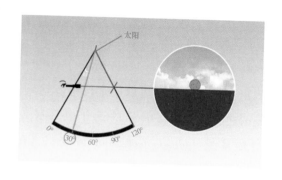

图 1 - 5　六分仪测量原理图

据指标镜的转角可以读出天体的高度角。但天文导航易受天气影响，且测量误差较大，随着更方便和精确的其他导航系统的出现，天文导航的使用逐渐减少。目前出现了一种基于 X 射线脉冲星的天文导航。由于脉冲星的稳定性和具有深空观测的优势，大量的深空飞行器将基于 X 射线脉冲星的天文导航作为首选导航系统使用。

　　（2）非自主式导航系统

　　非自主式导航系统，指在外部导航台的配合下完成导航任务的系统。常见的有无线电导航系统，它是利用无线电信号进行距离、方位等信息的测量，从而实现位置计算和导航的系统。无线电导航的发明，使无线电导航系统成为航行中真正可以依赖的工具。在第一次世界大战期间，海岸上首次出现了能发射连续无线电波的无线电信标台，船只利用接收到的信号可测定方位。1935 年出现了甚高频雷达，以观测海岸和附近的船只，达到近岸导航和船间避撞的目的。另外还出现了四航道信标、无线电信标以及垂直指点信标，作为飞机航行和着陆时的导航系统。

　　在第二次世界大战期间，从海用导航方面看，主要出现了罗兰系统，船只可以利用罗兰系统在海上进行导航。20 世纪 50 年代中期，美国研制出了一种能覆盖全球的导航系统，名叫奥米伽（Omega）系统。它的信号工作频率较低，低频的电波能穿透水下，能够作为校准潜艇中的惯性导航系统使用，同时也在边远地区进行飞行作业和越洋飞行的民用和军用飞机上得到广泛的应用。1964 年美国研发了子午仪卫星导航系统（Transit），它的全称为"海军导航卫星系统"，采用 7 颗极轨卫星（卫星轨道通过南、北极上空的圆形轨道，轨道离地高度 600 海里，1 海里 = 1.852 千米）。用户利用测量卫星信号多普勒频移的方法测出自己的位置，可以使定位精度达到 500 米（单频）和 25 米（双频）。继美国之后，苏联海军于 1965 年也研制出了类似的卫星导航系统，称为"蝉"导航系统（cicada navigation system，CICADA）。在子午仪之后，以全球定位系统（global positioning system，GPS）为代表的全球卫星导航系统，以其高精度、全天候、实时、低廉的导航定位技术优势，几乎取代了上述所有无线电导航系统，成为现代无线电导航的主力。

1.1.3 导航系统主要技术指标

导航的作用是为运载体提供位置服务，其服务应该满足航行所提出的特定要求，即安全性、连续性以及其他要求。描述导航系统功能和性能的指标比较多，下面我们简要介绍几个较为重要的指标。

1. 精度

精度指导航系统所提供的导航信息（位置、速度、时间等）与真实值的重合度。用户在获取导航信息时，由于受到各种因素的影响，如导航设备的测量误差、接收信号的不稳定以及天气的影响，每次得到的测量值有可能不同，其与真实值之间的误差是一个随机变化的量。通常使用统计的方法对随机变量进行描述，对于精度这个随机变量，当系统提供一维定位服务时，如用户的高度、时间信息等，使用 2σ 来描述精度。例如，某系统提供的高程定位精度为 10 米（2σ），指的就是定位结果与真实值的误差，有 95% 的可能性小于或等于 10 米。对于提供二维导航服务的系统，其精度通常使用 2 倍距离均方根来描述，指的是提供的二维导航数据与真实值的偏差。若不考虑偏差的方向，只关心偏差的径向距离，通过距离求均方根值便能得到距离均方根。例如，某导航系统提供的水平定位精度为 5 米，指的是用定位结果与真实值求距离的均方根，2 倍的这个距离均方根小于或等于 5 米。二维精度还使用圆概率误差来表示，指的是以真实位置为圆心画一个圆，若定位值有一半的概率落在这个圆内，则此圆圈的半径就是定位的圆概率误差。如图 1 – 6 所示，某导弹的圆概率误差是 100 米，则说明此导弹有 50% 的概率会落在距离目标100 米以内的地方。

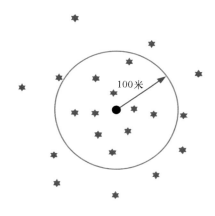

100米

图 1 – 6　圆概率误差

对于提供三维位置信息的导航系统，其精度可以用两种方法描述，一种是使用上述的水平精度（二维）加上垂直精度（一维）来描述，还有一种是使用球概率精度表示。以真实位置为球心画一个以球概率精度为半径的球，在所有可能的导航系统定位值中，落在这个球内的概率为 50%。

2. 服务区域

服务区域指能以规定精度给出导航信息的有效空间区域，有时又称为覆盖范围。服务区域是指一个面积或立体空间，在这个范围内，导航信号使用户以规定的精度通过导航信号得到导航服务。对于许多无线电导航系统，当用户与导航台的距离和方位不一样时，导航精度便不同，因此服务区域会受到系统几何布局关系、发射信号的强度、接收机的灵敏度、大气噪声条件、信号可用性等因素的影响。

3. 系统容量

系统容量指导航系统同时为多少个用户提供导航服务。由于交通运输的发展，在一定范围内的运载体数量越来越多。若在覆盖范围内被同时提供导航服务的用户的数量越多，则其系统容量就越大。如"北斗一号"系统，用户需要主动发送定位申请信号，由中心站计算得到位置信息，信号同时入站的数量有限，中心站的处理能力也有限，这样系统就存在容量限制问题，而"北斗三号"系统和 GPS 中，用户被动接收导航信号，在用户端进行位置解算，即用户与控制站没有交互，其与控制站的关系类似电台与收音机的关系，因此均不存在容量限制的问题，即系统容量是无限的。

4. 导航信息的维数

导航信息的维数是指导航系统为用户提供导航数据的位置、姿态和时间维数的总和。通常定位是二维或三维的，而惯性导航系统最多可提供三维位置、速度、加速度、角速度和姿态等总共 15 维信息。

5. 抗干扰能力

抗干扰能力指系统在信号受干扰情况下仍然能提供正常导航定位服务的能力，是导航系统的关键指标。通常指的是干扰信号大于信号多少倍的情况下，导航系统仍然能够正常工作的能力，即提供的导航服务精度不变。

另外，对不同的导航系统，如无线电导航系统，有时还需要关注可用性、系统完好性等其他指标。

1.2 近代导航定位技术发展

1.2.1 近代导航定位技术发展简史

近代导航定位技术先后经历了无线电导航、自主导航和卫星导航等发展时期。

在无线电导航方面，先后出现了三种体制、数十个系统，其趋势是不断向精度更高、作用范围更广的方向发展。目前仅有少数系统仍然在使用，定位体制主要包括：

1. 测向定位

测出目标载体距 2 个以上陆基导航台的方位实现定位，定位精度 800 ~ 1 000米，目前主要有无线电信标、伏尔导航系统，多用于民用航空导航。

2. 测向测距定位

测出目标载体距 1 个陆基导航台的方位和距离实现定位，定位精度优于 400 米，作用范围 370 千米，目前主要有伏尔/测距器、塔康导航系统，塔康导航系统适用于军用飞机（含舰载机）导航。

3. 双曲线定位

测出目标载体距 1 个陆基主导航台和 2 个辅导航台间的距离差，利用双曲线交会原理实现定位，定位精度 200 ~ 300 米，作用范围2 000千米，目前主要有罗兰 – C 系统，适用于航海导航。

在自主导航方面，先后出现了天文导航、多普勒导航、惯性导航等导航系统。天文导航一般不单独使用，通常与惯性导航等其他导航系统组合使用；多普勒导航现在也已基本停止使用；而惯性导航技术不断进步，已成为当前主要导航手段之一，高精度、小型化是其两个重要的技术发展方向。

1957 年 10 月 4 日，苏联成功发射了世界上第一颗人造卫星，美国科学家在跟踪它的过程中，观察到了多普勒效应，他们认识到：卫星飞向地面接收机时，收到的信号频率升高；而飞离时，频率就降低。一高一低之差就是频率的偏移，简称频移。卫星的运行轨迹可以由卫星通过时所测得的多普勒频移来确定。知道了卫星的轨迹，就能够反推出接收机所在的位置。正是由于这一有趣而科学的发现，揭开了人类利用卫星进行高精度、全天候导航定位的新纪元。卫星导航发展至今，经历了多普勒频移的定位体制、基于到达时间的测距定位体制、基于往返时间的测距定位体制等阶段，因其高精度、全天候、全天时定位、授时的特点，已成为当今社会最重要的导航定位和授时手段。

1.2.2 导航定位技术发展的特点

导航定位技术发展的主要特点有：

①定位精度越来越高，为满足不断提高的导航定位需求，从曾经奥米伽系统的千米级到如今卫星导航的米级精度（图1-7）。

②导航系统覆盖范围越来越大，逐步由区域、广域再向全球发展，从伏尔系统和塔康系统只覆盖几百千米到罗兰系统覆盖几千千米，再到卫星导航的全球覆盖。

③以卫星导航和惯性导航为主体的组合导航是现代导航特别是现代军用导航的主要发展趋势。

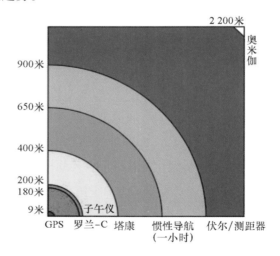

图1-7 第一次世界大战以来发展的主要导航系统二维定位精度

第 2 章

惯性导航系统

故不积跬步，无以至千里；不积小流，无以成江海。

——荀子

所有导航定位技术都可以归结为直接定位和航位推算两种技术方法。直接定位技术采用可识别的外部信息（信号或环境特征）直接确定运载体位置，采用的信号包括无线电信号、声波信号、超声波信号、光学或红外信号；环境特征包括建筑物、标志牌、道路、河流、地形地貌、磁场、重力场等的变化。航位推算技术指在初始位置、姿态已知的情况下，通过测量速度、加速度、角速度的变化量并进行积分得到当前位置、速度和姿态的导航方法。惯性导航技术属于航位推算技术，它是惯导技术、惯性仪表（各类陀螺仪和加速度计）技术、惯性测量技术以及有关设备和装置的总称。它在各种武器平台装备中占有非常重要的地位，因而是世界各军事强国重点发展的技术领域之一。随着惯性导航技术的不断发展，许多国家已将其应用范围扩大到民航、船舶、大地测量、石油钻探、地球物理测量、海洋探测、气象探测、铁路、隧道等领域。

2.1 惯性导航系统概述

2.1.1 惯性导航系统分类

平台式惯性导航系统的加速度计安装在由陀螺仪稳定的惯性平台上，平台的作用是为加速度计提供一个不随载体运动而运动的参考坐标，同时隔离航行体的角运动。这样既可简化导航计算，又能为惯性仪表创造良好的工作环境。根据导航坐标系统的不同，平台式惯性导航系统还可分为当地水平面惯性导航系统和空间稳定惯性导航系统。捷联式惯性导航系统将相互正交的加速度计和陀螺仪直接安装在航行体上，这样测量得到的加速度和姿态角要经过坐标转换等计算才能得到位置信息。捷联式惯性导航系统除具有结构简单、成本低、体积和质量小、初始对准时间短等优点外，可供利用的信息也比平台式惯性导航系统多，这对传递对准及火控系统来说十分重要，因此捷联式惯性导航系统取代平台式惯性导航系统是必然趋势。捷联式惯性导航系统的物理结构简化实际上是用算法和软件的复杂设计换取的，而当今计算机水平的飞速提高为这种复杂设计的实现提供了保障。简洁高效的算法是捷联式惯性导航系统的核心。捷联式惯性导航系统通过抽象数学平台，在计算机中实时计算姿态矩阵，并更新姿态计算、导航参数计算。在惯性器件等硬件配置已定的情况下，算法决定了捷联式惯性导航系统的性能，也是影响其精度的主要因素。

2.1.2 惯性导航技术的发展历程

1. 20 世纪 30 年代以前的惯性导航技术

1851 年，法国力学家傅科进行了著名的傅科摆实验，他利用高速旋转刚体的空间稳定性，设计了一个装置，将之称为陀螺。傅科利用它对惯性空间的稳定性来设计仪表，显示地球的自转，并建议用此装置来测量地球的经纬度。

20 世纪初期，北极探险者们希望得到一种能代替磁罗盘在北极地区船只上指示南北方向的仪表。由于当时有了滚珠轴承和电机，德国探险家安休兹于 1908 年研制出世界上第一台能自动找北并稳定指示船只航向的仪器——陀螺罗经。从此，惯性仪表在运动物体上测量方位的设想便得以实现。

2. 20 世纪 60 年代的惯性导航技术

这时的惯性导航技术以测量载体相对于地球的位置为目的，德国 Ⅴ－2 导弹就是典型代表，它的成功研制实现了在武器上首次使用惯性制导系统，如图 2－1 所示。Ⅴ－2 导弹的全称是 Vergeltungswaffe－2 导弹，意思为报复性武器，于 1942 年研制成功，德国人研制这款导弹是为了能从欧洲大陆直接准确打击英国本土目标。它用两个二自由度陀螺控制飞行姿态，并用陀螺加速计控制关机点的速度，以实现轨道控制。它的主要设计者是著名德国火箭专家冯·布劳恩，同时他也是美国"阿波罗"载人登月工程的总设计师。

图 2－1　Ⅴ－2 导弹

1942 年，美国德雷珀实验室研制了液浮速率陀螺，并用于海军舰艇的火炮控制系统上，取得了很好的效果。1945 年，德雷珀实验室开展了惯性导航系统的研究工作，发展了液浮惯性仪表技术。1950 年，首次对机载惯性导航系统进行了试验。

1953 年，美国开始设计"雷神"弹道式导弹制导系统，它由单自由度液浮陀螺与液浮陀螺加速度计组成。该导弹于 1956 年试飞成功，射程可达2 400千米。随后，美国对"雷神"弹道式导弹制导系统加以改进，成为"大力神Ⅱ"的制导系统。

1954 年，在机载惯性导航系统的基础上，美国研制出第一套舰船惯性导航系统。1956 年，在经过前一段探索研究的基础上，美国德雷珀实验室确认铍是制造陀螺的理想材料，此后便着手用铍材料做陀螺零件的研究。

德雷珀实验室从 20 世纪 50 年代初就开始研究磁悬浮技术，由于利用磁悬浮消除了轴间摩擦，提高了浮子定中精度，陀螺的干扰力矩减小了很多。1957 年，德雷珀实验室开始在北极星导弹制导系统的惯性仪表上使用磁悬浮技术。1958 年，美国用液浮陀螺惯性导航系统取得了核潜艇在冰层下潜航通过北极的惊人成就，潜航 96 小时后露出水面时，其实际位置和计算位置仅差几海里。1959 年，美国利顿公司制造出 G 200 型二自由度液浮陀螺，用于飞机与舰船的惯性导航系统。1964 年，德雷珀实验室研制出第一套"阿波罗"登月舱用的惯性测量装置。至 20 世纪 70 年代，德雷珀实验室为 MX 导弹研制出一款当时世界上精度最高的陀螺仪，这种陀螺仪将液浮、气浮和磁悬浮三种支撑技术集成一体，称为"三浮"陀螺，同时还推出了具有最高制导精度的浮球平台系统，使得 MX 导弹成为当时命中精度最高的战略武器之一。

3. 现代惯性导航技术

从 20 世纪 70 年代初期开始，出现了一些新型陀螺、加速度计和相应的惯性导航系统，主要包括光学陀螺、机电陀螺等。激光陀螺和光纤陀螺统称为光学陀螺，其测角原理是 1913 年法国科学家萨奈克发现的萨奈克效应。与激光陀螺相比较，光纤陀螺最大的优点是启动快，抗震动和冲击，无高压、无闭锁现象，价格低廉。与传统的机电陀螺相比较，光纤陀螺又具有灵敏度高、动态范围大、可靠性好、寿命长、质量小等优点，但精度稍低。20 世纪80—90 年代光纤陀螺的发展势头强劲。1984 年至 1994 年间，美国的光纤陀螺产量占所有陀螺仪产量的比例由 0 提高到 49%。美国国防部把光纤陀螺列为光纤传感器在军事上应用的五大研究项目之一，光纤陀螺已取代传统的机电陀螺，成为新一代的陀螺仪代表。

微机械陀螺是另外一类陀螺，它的测量原理是科里奥利效应（Coriolis effect）。高频振动的质量被基座带动以角速度相对于惯性空间旋转时，会产生正比于旋转角速度的科里奥利角速度，这个物理现象称为科里奥利效应。利用科里奥利效应来测量载体角运动的一类陀螺仪称为振动陀螺仪。目前的微机械陀螺大多属于微机械振动陀螺。微机械振动陀螺仪是一种以单晶硅为材料，采用微电子技术和微机械加工技术，利用科里奥利效应测量载体角速度的固态惯性传感器。它具有小型化、低成本的特点，适用于测量精度要求不高及短时工作的场合。1985 年在美国军方的资助下，德雷珀实验室首先开始微机械陀螺的研究，于 1998 年发布了第一个微机械加工的挠性梁框架式陀螺。1993 年德雷珀实验室研制出了疏状音叉式陀螺，1994 年美国密歇根大学首次报道了一种振动环形微机械陀螺，1996 年加州大学报道了一种疏状驱动、疏状电容检测的 Z 轴振动式微机械陀螺，1997 年美国喷气推进实验室报道了一种四叶式体微机械陀螺。美国国会已将微机械技术列为 21 世纪重点发展学科之一。

当前，在先进的微电子、计算机技术，以及精密机械、光学、半导体等制造加工工艺的推动下，惯性导航技术正向高精度、高可靠性、低成本、小型化、数字化发展。

2.2　惯性导航系统的技术原理

惯性导航系统是一种典型的推算导航系统，其以牛顿力学定律为基础，通过测量载体在惯性参考系的加速度，将它对时间进行积分，再把它变换到导航坐标系中，就能够得到目标在导航坐标系中的速度、偏航角和位置等导航信息。下面主要介绍惯性导航系统的力学基础、基本原理和优缺点。

2.2.1　惯性导航系统的力学基础

惯性导航系统的力学基础是著名的牛顿三大定律。牛顿第一定律是：任何物体都要保持其静止或匀速直线运动状态，直到作用在物体上的外力迫使它改变这种状态为止。牛顿第二定律是：作用在物体上的力使物体沿着力的方向产生加速度，加速度的大小跟作用力成正比，跟物体的质量成反比。牛顿第三定律是：两个物体之间的相互作用力总是大小相等，方向相反，即对于每一作用力，总存在一等值反向的反作用力。

牛顿第一定律表明了物体的惯性，是牛顿第二定律的特殊情况。牛顿第二定律则表明了对物体惯性的量度，牛顿第三定律说明物体的作用力和反作用力是同时发生的。

通过对牛顿三大定律的研究，不难发现，任何物体的运动状态都可以用加速度来表征。例如，当加速度 a 为 0 时，表示物体保持原来的运动状态，用 v_0 表示物体的初始速度，当加速度 $a = 0$ 且 $v_0 = 0$ 时，表示物体静止；加速度 $a = 0$ 且 $v_0 \neq 0$ 时，表示物体以原来的速度运动。当加速度方向与速度方向相同时，若 $a > 0$，表示物体做加速运动；若 $a < 0$，表示物体做减速运动。

2.2.2　惯性导航系统的基本原理

惯性导航是通过测量物体的运动参数来导航定位的，现在来看看我们熟知的物体运动的描述方法。

在经典力学中，物体的运动包括线运动和角运动。线运动是描述任何刚体内部每一部分都朝着相同的方向、以相同的速度移动的一种运动形式，因此也称为平移运动；角运动是描述刚体围绕一固定点在平面或空间内变换的另一种运动形式，也可以称为旋转运动。

通常我们描述线运动的参数有位移 S、速度 v 和加速度 a，而这些参数中，线运动的位移、速度都只需测量加速度就可以用积分推算出来，所以加速度的测量是我们描述线运动的基础。假设物体运动的初始时刻为零时刻，且已知物体的初始位移 S_0 和初始速度 v_0 时，由加速度 a 就可以得到物体在任意 t 时刻的位移 S 和速度 v。

而描述角运动的参数有姿态角、姿态角速度，并且角运动中的姿态角可由姿态角速度推算得到。在惯性导航系统中，常用 3 个姿态角来描述运载体的角运动，如图 2-2 所示。其中，航向角是运载体纵轴（载体首尾连线）方向与地球地轴的北向之间的夹角在水平面的投影，也称为真航向角；俯仰角是当地水平面与运载体纵轴方向之间的夹角；倾斜角是纵向铅锤平面与运载体纵轴对称平面之间的夹角。通过测量 3 个姿态角的角速度，也可以用积分推算出某一时刻的姿态角。

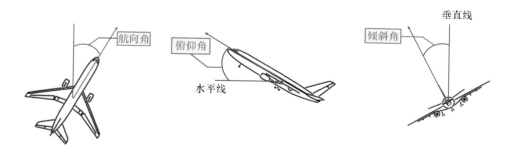

图 2-2　物体角运动示意图

若在惯性导航系统中安装一个稳定的平台，用该平台模拟当地水平面，建立一个空间直角坐标系，三个轴分别指向运载体所在地的东、北及天顶方向，这样的坐标系称为东北天坐标系。在载体运动过程中，利用陀螺仪使平台始终跟踪当地水平面，三个坐标轴始终指向东、北、天方向。在这三个轴上分别安装加速度计，测量出东、北、天三个方向的加速度 a_e、a_n、a_u，将这三个方向的加速度分量进行积分，可得到载体沿这三个方向的速度分量 v_e、v_n、v_u。若要得到载体的位置，只需将速度在三个坐标分量上进行积分。

由以上测量速度和位置的原理可知惯性导航系统属于推算式导航系统。在惯性导航系统中，陀螺仪用来测量运载体在惯性坐标系中的姿态角和姿态角速度；加速度计用来测量运载体的加速度，给定运载体的初始状态和位置，由积分运算可确定运载体任意时刻的运动状态。同时由以上的计算也可看出，当加速度测量值有误差时，其误差随着积分时间的增加而增加，导致速度误差、位置误差越来越大，这也是惯性导航的缺点。

2.2.3 惯性导航系统的优缺点

惯性导航系统是一种不依赖于任何外部信息，也不向外部辐射能量的自主式导航系统，这就决定了其具有下述优越的导航特性：

（1）不发射无线电信号，隐蔽性好；

（2）不依赖外部光电信号，抗干扰能力强；

（3）可实现全天候、实时连续导航；

（4）工作范围广，包含水下、地下、高空、深空；

（5）导航信息维数高，可提供三维位置、速度、加速度、姿态、角速度信息。

但同时由于其工作原理的特性，惯性导航系统又具有以下缺点：

（1）误差随时间积累，需要不时修正，不能单独使用，通常需要组合使用；

（2）必须已知起始点的运动参数，初始化时间长；

（3）不具备授时功能；

（4）精度和体积、质量、成本存在矛盾。

其中，惯性导航系统的主要缺点是导航定位误差随时间积累，即随着工作时间的增加，其误差也不断增大。解决这一不足除提高器件的精度等级外，另一重要途径是将惯性导航系统与其他导航系统有机组合，形成组合导航系统。目前，组合导航系统中使用最为广泛的是惯性导航与卫星导航的组合，这不仅是因为两者都是全球、全天候、全天时的导航系统，而且高精度的卫星导航定位数据可以实时校正惯性导航系统的定位偏差，而惯性导航系统内部产生的定位数据又可解决卫星导航易受干扰的问题，两者的优势恰好能弥补对方的不足。

2.3 惯性导航系统的组成与惯性仪表

前面介绍了惯性导航系统的原理，探讨了实现惯性导航系统的理论依据，接下来将重点介绍惯性导航系统的具体实现，主要分为：惯性导航系统的组成，常用惯性器件的介绍，最后介绍平台式惯性导航系统和捷联式惯性导航系统这两种常见的惯性导航系统。

2.3.1 惯性导航系统的组成

首先从原理上讲，惯性导航作为一个自主的空间基准保持系统，可以用几何学的观点来解释，它应该由以下两个分系统组成。

指示当地地垂线方向的分系统。主要是通过测定运载体所在的重力方向，再对重力的偏差角进行修正，以获取大地参考椭球上该点的位置坐标。

保持惯性空间基准的分系统。它是通过指示地球自转轴的方向，来确定地心惯性坐标系的坐标轴方向，以维持系统的惯性空间标准。

有了地球自转轴方向和当地地垂线方向之间的几何关系，就可以确定运载体导航所需的经纬度值。在惯性导航系统中，主要使用加速度计测量当地地垂线的方向，用陀螺仪测量地球自转轴的方向，然后把所测量到的这些参数和事先给出的初始条件，包括时间、引力场、初始位置和初始速度等，一起输入导航计算机，即可实时计算出载体相对所选择的导航参考坐标系的位置。所以说，两个惯性敏感器（加速度计和陀螺仪）是惯性导航系统中的核心部分。

而加速度计、陀螺仪必须集成在一个完整的环境中才能工作，所以惯性导航系统的核心包含三部分：加速度计、陀螺仪和导航计算机，具体如图 2 - 3 所示。导航计算机根据加速度计和陀螺仪测出的载体加速度和角度信息，加上外部输入的初始位置、姿态信息，推算出载体的位置、速度、航向角、俯仰角和倾斜角等导航信息。

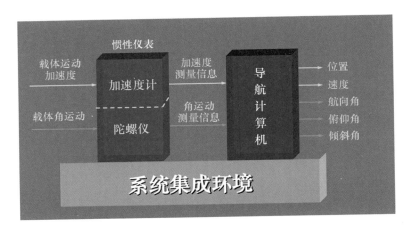

图 2 - 3　惯性导航系统组成示意图

2.3.2　惯性器件

惯性器件就是测量载体线运动和角运动参数的传感器。其中，加速度计常用于检测运载体在惯性空间中的线运动，陀螺仪用于检测运载体在惯性空间中的角运动。最初的加速度计和陀螺仪的工作原理都遵循牛顿第一定律（惯性定律），因此被称为惯性器件，相应的导航技术被称为惯性导航技术，尽管如今加速度和转动速度测量的技术原理已经不限于牛顿第一定律，但名称沿用至今。

1. 加速度计

根据牛顿第二定律，一个物体的加速度等于该物体所受的作用力除以该物体的质量，即加速度 = 力/质量。其中"质量"是一个物理概念。对于已知质量的物体，测出它所受的作用力大小，就可获得其加速度。下面以一个简单的例子来看加速度计的工作原理。

如图 2 - 4 所示，在内壁光滑无阻力的壳体内，在不受外力作用情况下（即载体静止或做匀速直线运动）一个质量块在两个弹簧的弹力下保持平衡，此时加速度为零，质量块位于腔体中心，位置偏移为零。

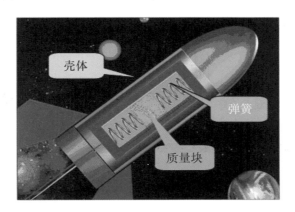

图 2 - 4　载体静止或做匀速直线运动时弹簧及质量块的状态

如图 2 - 5 所示，当载体向前加速运动时，质量块将在外力的作用下向后滑动，后面的弹簧发生压缩，前面的弹簧拉伸，质量块的位移大小与载体的加速度大小成正比，可通过质量块向后的位移量直接获得载体的加速度。

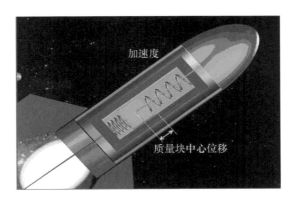

图 2 - 5　载体向前加速运动时弹簧及质量块的状态

上面例子给出的是载体一维运动，即在一个方向上运动的情况。要测量三维加速度，就必须在稳定平台的 X、Y、Z 三个方向各放置一个加速度计，具体如图2 - 6所示，可以测量三个方向上的加速度。

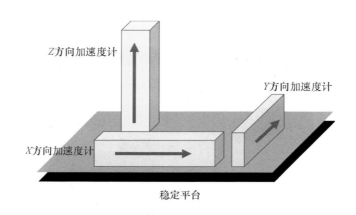

图 2-6　三维加速度测量示意图

在惯性导航系统中，实际上，用加速度计测量载体的线运动加速度，这个说法并不确切，因为此时加速度计实际上测得的是载体相对惯性空间的绝对加速度与地球引力加速度的矢量和，这个矢量和称为比力，所以加速度计又称比力计。在运载体上安装加速度计，可以测量运载体在载体坐标系下的比力，比力经过计算，去掉其中有害的分量才能得到运载体实际相对于惯性空间的加速度，然后通过积分求得运动轨迹（即运载体的速度和所行距离）。

测量加速度的方法很多，有机械式、电磁式、光学式、放射线式等。按照作用原理和结构的不同，惯性导航系统中的加速度计可分为两大类，即机械加速度计和固态加速度计。前面介绍的是最简单的机械式加速度计的工作原理，实际应用中还有多种性能、体积各不相同的加速度计，典型的加速度计有石英挠性加速度计、摆式积分加速度计、石英振梁加速度计和微机电加速度计。

目前消费级的加速度计应用领域不断拓展，成本不断下降，军用级加速度计的精度不断提高，性能不断提升。法国赛峰电子与防务公司研制的硅微机电加速度计已投入量产，该加速度计具有极高的测量精度，与该公司的半球谐振陀螺仪相组合，组成性能优异的惯性导航系统。

2. 陀螺仪

陀螺仪是一种常用的角运动测量装置，传统的陀螺仪是利用高速回转体的动量矩敏感壳体相对惯性空间绕正交于自转轴的一个或两个轴的角运动测量装置，现今利用其他原理制成的角运动测量装置也称为陀螺仪。下面先看一个玩具陀螺的示意图。如图 2 - 7 所示，陀螺在不转动时不能竖立起来，但在高速转动时会竖立起来并保持稳定。这一特点在物理学上称为"定轴性"，即旋转物体具有保持其旋转轴方向不变的特性，并且旋转越快、质量越大，旋转轴方向的稳定性越好。

图 2 - 7　玩具陀螺示意图

当陀螺绕自转轴高速旋转即具有角动量 H 时，在陀螺仪上施加外力矩 M，会引起陀螺角动量矢量 H 相对惯性空间转动，这称为陀螺的进动性。如图 2 - 8 所示，进动角速度 ω 的方向，取决于角动量 H 和外力矩 M 的方向：从角动量 H 沿最短的路径向外力矩 M 的右手旋进方向，即为进动角速度 ω 的方向。

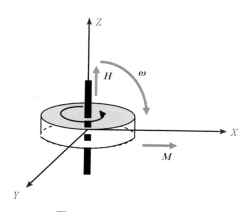

图 2 - 8　陀螺仪的进动性

　　利用陀螺的定轴性和进动性就可构造一个简单的机械陀螺仪。如图2-9所示，将一个高速转子安装在万向支架上，构成了一个一维机械陀螺仪。

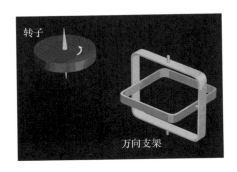

图2-9　一维机械陀螺仪示意图

　　将一个陀螺仪安装在基座上，而基座是固定在运载体（如飞机）上的，下面来看飞机转动时陀螺仪的姿态变化情况。如图2-10（a）所示，起始状态时，转子的转轴方向与基座开口方向一致，角度指针指向刻度中心。随着飞机姿态的改变，陀螺仪的基座也相应转动，但转子的转轴方向保持不变，同时角度指针指示了转动的角度，如图2-10（b）所示。

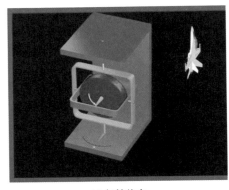 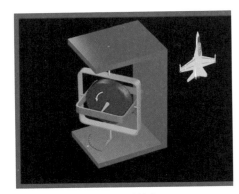

(a) 起始状态　　　　　　　　　　　　　　(b) 转动状态

图2-10　不同运动状态下一维机械陀螺仪的姿态

　　前面介绍的机械陀螺仪，利用的是旋转物体的定轴性和进动性。根据测量转动速度的不同原理，还出现了很多类型的陀螺仪：

机电陀螺仪：利用旋转物体的定轴性来测量角运动的陀螺仪；

光学陀螺仪：利用萨奈克效应实现载体相对于惯性空间的角度、角速度的测量的陀螺仪；

微机电陀螺仪：利用科里奥利效应将环形腔、光源、调制器及探测单元集成为一微小结构的微小型陀螺；

原子陀螺仪：利用原子干涉效应感受外部转动的高性能传感器。

机电陀螺仪的工作原理与一般玩具陀螺的原理类似，是将姿态和角度的测量转化为电信号。目前，机械陀螺仪一般都是机电陀螺仪，常见的有静电陀螺仪、挠性陀螺仪、三浮陀螺仪，如图 2－11 所示。

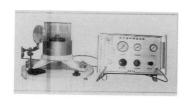
(a) 静电陀螺仪

(b) 挠性陀螺仪

(c) 三浮陀螺仪

图 2－11　常见的机电陀螺仪示意图

光学陀螺仪主要分为光纤陀螺仪和激光陀螺仪两种，是依据萨奈克效应来测量载体的姿态。所谓的萨奈克效应，是指若沿静止不动的闭合光路（由反射镜或光线构成）一个观测点的两个相反方向分别发射光波，光束由反射镜传播一周再回到原点，这样两束光传播路径的长度是相同的；若闭合光路沿着它所构成平面的垂直轴存在转动，则两束光传播的路程不再相同，存在光程差。光学陀螺仪（图 2－12）利用载体存在转动时顺时针和逆时针的光程差与转动速度成比例来测定转动速度，这种方法具有测量范围宽、启动快、抗震性好等优点，应用领域广且测量精度高，已逐步取代传统的机电陀螺仪。

微机电陀螺仪是集精密机械、微电子、半导体集成电路等技术于一体的新型惯性器件，通过半导体加工工艺制作，器件微型化、集成化，体积小、成本低、易于批量生产，目前广泛应用于微型飞行器、制导化弹药等领域。

(a) 光纤陀螺仪

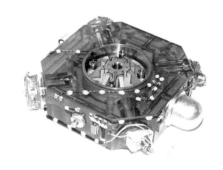

(b) 激光陀螺仪

图 2 - 12   常见的光学陀螺仪示意图

原子陀螺仪依据原子干涉效应测量转动速度，理论基础是相对论、量子理论和萨奈克效应。值得一提的是原子陀螺仪中的核磁共振陀螺仪，利用核自旋在磁场中的定轴性来确定指向，没有机械旋转部分，在原理上优于微机电陀螺仪。2017 年，美国加州大学尔湾分校研制出折叠型微型核磁共振陀螺仪原理样机，它将各个组成部件高度集成化，其性能已接近美国国防高级研究计划局（defense advanced research projects agency，DARPA）提出的研制出芯片级原子组合导航仪的构想。

随着科技的不断进步，有许多类型的高精度传感器可以用来测量角运动，如利用旋转质量块的常规机械陀螺仪，以及利用原子自旋的非常规陀螺仪。目前科技界还在积极研发新的技术，最终目的是将"陀螺"制作到集成芯片上，制造出性能更为良好的惯性器件。

2.3.3   平台式惯性导航系统

平台式惯性导航系统的核心是一个稳定平台，它在空间中确定了一个平台坐标系，三个加速度计的敏感轴分别沿三个坐标轴的正向安装，测得载体的加速度信息就体现为比力在平台坐标系中的三个分量。然而，平台式惯性导航系统内部如何维持一个不随载体转动而转动的稳定平台呢？前面我们介绍过，利用陀螺仪可以测量出载体相对于转轴的旋转角度，如果实时使用伺服电路通过测出的角度反向调整平台，就可以保证平台始终处于一个稳定的状态。如果使用平台坐标系精确模拟某选定的导航坐标系，便得到比力在导航坐标系中的三个分量，通过必要的计算和补偿，可从中提取出载体相对导航坐标系的加速度矢量的三个分量，再通过两次积分，可得到载体相对导航坐标系的速度和位置。

平台式惯性导航系统按所选定的导航坐标系的不同又可分为当地水平面惯性导航系统和空间稳定惯性导航系统。

当地水平面惯性导航系统。这种系统的导航坐标系是一种当地水平坐标系，即平台坐标系的 X 轴和 Y 轴保持在水平面内，Z 轴与地垂线相重合。由于两个水平轴可指向不同的方位，故这种系统又可分成指北方位惯性导航系统和自由方位惯性导航系统两种。指北方位惯性导航系统在工作时，X 轴指向地理东向（E），Y 轴指向地理北向（N），即平台坐标系模拟当地地理坐标系。自由方位惯性导航系统在工作中，平台的 Y 轴与地理正北方向构成某个角度，称自由方位角。由于自由方位角可以有多种变化规律，因此又有自由方位、游动方位等区分。

空间稳定惯性导航系统。这种系统的导航坐标系为惯性坐标系，一般采用原点定在地心的惯性坐标系。Z 轴与地轴重合指向北极，X 轴和 Y 轴处于地球赤道平面内，但不随地球转动（X 轴指向春分点）。与当地水平面惯性导航系统相比，平台所取的空间方位不能把运动加速度和重力加速度分离开。我们知道，地球相对惯性空间是转动的，因而在地表任何一点的水平坐标系也在随之一起转动，如果选定某种水平坐标系作为导航坐标系，就必须给平台上的陀螺仪施加相应的指令信号，以使平台按指令所规定的角速度转动，从而使得平台精确跟踪所选定的导航坐标系。指令角速度可分解为三个坐标轴向的指令角速度，分别以控制信号的形式传递给相应陀螺的控制轴，这样就形成了平台的控制回路。

在平台式惯性导航系统中，利用万向架维持一个不随载体运动翻转而改变的实体平台。无论载体运动姿态如何变化，平台始终保持水平。加速度计和陀螺仪安装在稳定平台而非直接安装在载体上，从而获得所需的导航数据，具体如图 2-13 所示。

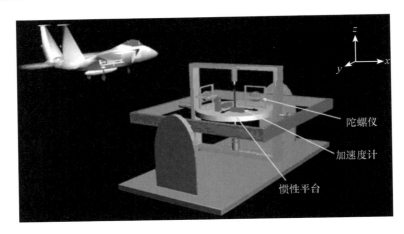

图 2-13　平台式惯性导航系统示意图

平台式惯性导航系统的最大特点是通过陀螺仪来稳定平台，从而确定一个坐标系。稳定平台的主要作用是支撑加速度计，并把加速度计稳定在某一导航坐标系上。

平台式惯性导航系统的优点是建立了导航坐标系，系统中的平台能隔离载体的角振动，给惯性元件提供较好的工作环境，计算量小；而其缺点是结构复杂、故障率高、尺寸大、成本高。

2.3.4　捷联式惯性导航系统

捷联式惯性导航系统（图 2-14）是惯性导航系统发展的主流方向。"捷联"（strap-down）这一术语中的"strap"就是"捆绑"的意思，因此，捷联式惯性导航系统也就是将惯性敏感单元（加速度计和陀螺仪）直接"捆绑"在运载体的机体上，从而完成制导和导航任务的系统。捷联式惯性导航系统无实体平台，加速度计和陀螺仪直接固定在载体上，随载体转动而转动，通过计算构成虚拟的数学平台。

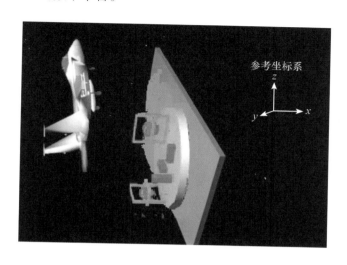

图 2-14　捷联式惯性导航系统示意图

在捷联式惯性导航系统中，用计算机软件建立了一个数学平台来替代平台式惯性导航系统中的电气机械平台实体。其数学平台有三项功能：

姿态矩阵的计算。通过计算姿态微分方程，实时求解出载体坐标系至导航坐标系的方向余弦矩阵。

比力变换。由获得的坐标变换方向余弦矩阵，把沿载体坐标系各轴上的加速度分量转换到导航坐标系中。

姿态和方位的计算。根据方向余弦矩阵与姿态方位的对应关系，计算出载体的姿态和方位角。

捷联式惯性导航系统与平台式惯性导航系统相比，最大的区别是：捷联式惯性导航系统没有三轴伺服稳定平台，所有的惯性器件和仪表直接固连在载体上。所以捷联式惯性导航系统具有如下特点：

（1）捷联式惯性导航系统敏感元件便于安装、维修和更换；

（2）捷联式惯性导航系统比平台式惯性导航系统的体积小、质量小、成本低；

（3）捷联式惯性导航系统敏感元件可以直接将舰船坐标系的所有导航参

数提供给导航、稳定控制系统和武备控制系统；

（4）捷联式惯性导航系统去掉了物理稳定平台，消除了平台稳定过程的各种误差，同时减小了系统体积；

（5）捷联式惯性导航系统的初始对准过程简单，对准时间短（一般少于10分钟）；

（6）捷联式惯性导航系统的数学平台要求高性能的计算机支持，计算效率高。

捷联式惯性导航系统把敏感元件直接固定在载体上导致惯性敏感元件工作环境恶化，降低了系统的精度。然而随着电子计算机技术、精密加工技术以及光电技术等技术的进步，捷联式惯性导航系统的导航精度将越来越高，比平台式惯性导航系统具有更加光明的前景。

2.4 惯性导航系统的军事应用与发展趋势

2.4.1 惯性导航技术在军事上的应用

正是因为惯性导航系统具备了完全自主的导航能力，因此无论是精确导航和定位，武器制导和瞄准，还是在防区外精确打击，惯性导航技术都发挥了关键作用。在当今现代化高技术战争中，惯性导航技术对武器系统实施的精确打击，有着不可替代的特殊地位，是其他任何导航定位手段都不能取代的。

如今惯性导航技术不断拓展到新的应用领域，其范围已经由原来的陆地车辆、船舶、舰艇、航空飞行器等扩展到了大地测量、资源勘探、地球物理测量、海洋探路、铁路、隧道、航天飞机、星际探测、制导武器等各个方面。尤其是在军事战争方面，海湾战争和伊拉克战争中，美军和以军的精确制导武器，就采用了 GPS/惯性导航组合导航作为导弹中段制导方式，以红外成像、地形辅助、图像匹配作为末段制导方式，以保证导弹飞行和打击的稳定性、精确性。

回顾惯性导航系统的发展历史，其技术发展一直紧密伴随着军事应用需求。二战末期德国著名的火箭专家冯·布劳恩和他的研制小组发明了著名的V–2火箭，该火箭从当时的德国飞越英吉利海峡准确命中伦敦，震惊世界。20 世纪 90 年代，惯性导航系统已广泛应用于军用飞机，如 F – 15/16、F – 117、F – 20、C – 17 等；同时也应用在运载火箭上，如日本 H – Ⅱ，欧洲"阿里安"，美国"宇宙神"，"大力神 4"等。在战术导弹（美国 T – 22）、巡航导弹（美国 AGM – 86/109）、空间站（苏联"礼炮"7 号）、空间探测器（美国"火星观察者"号、美国"克莱门汀 – 1"号）、太空望远镜、舰船等领域，惯性导航系统也得到充分应用。美国研制的战斗机 F – 21 上的导航部件选用的是激光陀螺惯性导航系统。法国研制的激光陀螺惯性导航系统成功应用于"幻影 2000"战斗机、"阵风 D"战斗机上，日本研制的激光陀螺惯性导航系统也成功用在"H 系列"火箭上。近年来，由于惯性器件性能和制造水平不断提高，惯性导航系统在军事上应用更加广泛，主要集中在导弹制导、复杂条件下战斗机导航、高能激光武器的瞄准、空间飞行器控制等领域。

自 1908 年德国科学家安修茨设计的单转子摆式陀螺罗经首次在航海上应用，至今一百多年来，惯性导航系统在航海导航的应用取得了不断的进步。美国海军于 1978 年将 Sperry Marine 公司生产的 MK 16 MOD Ⅱ型陀螺稳定器装备于导弹驱逐舰上，2005—2006 年该公司为加拿大海军的 4 艘潜艇装配了 MK 49，环形激光陀螺捷联式惯性导航系统 AN/WSN27 型则于 2000 年开始大规模生产并装备于美国海军舰艇上。

船舶的自动驾驶是目前船舶技术变革的方向。相比有人驾驶，自动驾驶船舶不仅以更低的成本和更可靠的方式运行，而且导航性能也更优异。如何实现船舶在港口间的自主航行，避免船只间的碰撞，是比空中飞机导航、地面车辆导航更具挑战性的问题，因为在海上导航需要考虑波高、洋流、风向、船只发动机功率等许多因素，所有这些因素都会影响船舵控制船舶位置的能力。荷兰的 Captain AI 公司成功研制的船舶自动驾驶系统，使用复杂的人工智能技术融合数字海上地图、卫星导航接收机、雷达、惯性导航系统等数据，实现了无人干预情况下巡逻艇在两个停系泊处之间的预先绘制航线上自由航行。这套无人驾驶系统最关键的传感器是惯性导航系统。由 Xsens 公司提供的高性能惯性导航模块 MTi – G –710，通过内置的加速度计、陀螺仪、磁力计和卫星导航接收模块，能提供准确、一致且实时的姿态、航向、位置、速度和加速度信息，使得船舵能以 0.36°的增量来调整船舶行驶的方向。

2.4.2 惯性导航系统的发展趋势

按照惯性器件（加速度计和陀螺仪）的性能，可将惯性导航器件划分为四个应用等级，性能由高到低分别为战略级、航空（导航）级、战术级和消费（商业）级。如表2 – 1所示为惯性导航器件等级划分的详细列表，战略级惯性导航器件以机械陀螺仪（液浮陀螺仪和静电陀螺仪）为主，其定位精度为 24 小时误差不超过 1.8 千米，特点是结构工艺复杂、精度高、成本高；航空级惯性导航器件以挠性陀螺仪、激光陀螺仪和光纤陀螺仪为主，定位精度大约比战略级惯性导航器件低一个数量级，主要用于巡航导弹和海陆空各类载体导航；战术级和消费级领域由光纤陀螺仪、石英式和硅式微机电陀螺仪主导，战术级惯性导航器件通常用于精确制导武器和无人机导航，消费级惯性导航器件常用于航向姿态参考系统、步行航位推算（如计步器）、汽车防抱死制动系统等，特点是成本低、动态高、精度较差。图 2 – 15 进一步展示了各等级惯性导航器件的应用场景和具体技术指标。

表 2 – 1 惯性导航器件等级划分

项目	战略级	航空（导航）级	战术级	消费（商业）级
定位误差/(n mile/h)	<0.2	0.5 ~ 2	10 ~ 20	>20
陀螺零偏/[(°)/h]	0.0001	0.015	1 ~ 10	>10
加速度计零偏/$10^{-6}g$	1	50 ~ 100	100 ~ 1 000	>1 000

（续表）

项目	战略级	航空（导航）级	战术级	消费（商业）级
应用场景	洲际弹道导弹战略级潜艇	通用航空高精度测绘	战术导弹与全球卫星导航系统组合使用	车载组合导航运动感知

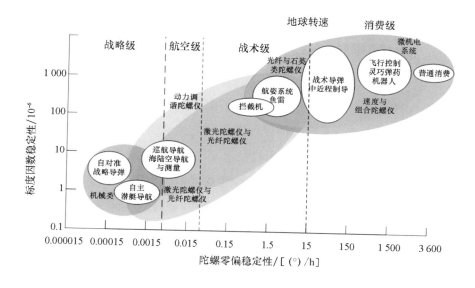

图 2-15　惯性导航器件等级划分图

随着新一轮的信息革命和产业变革以及各种新技术的应用，在惯性导航领域也出现了重大技术更新，惯性技术发展呈现以下的趋势。

（1）静电陀螺仪依旧是目前精度最高的陀螺仪，适用于长时间工作的领域，如核潜艇和远程飞机。

（2）环形激光陀螺仪依旧是航空、航天等高端导航与战略领域的主要选择，在高端惯性器件市场占据主导地位，2020 年其市场规模达 15.22 亿美元。近年来，激光陀螺仪在小型化方面也不断进步，除非光纤陀螺仪能以更低的成本和更小的尺寸达到同等性能，否则很难撼动环形激光陀螺仪的地位。

（3）光纤陀螺仪在战术级应用和工业级应用领域中小型化的需求迫切，

其市场规模在 2020 年达到了 6.51 亿美元，随着光纤陀螺仪在各种战术级和导航级、部分工业级应用领域中的广泛应用，其与环形激光陀螺仪、微电子机械系统（micro-electro mechanical system，MEMS）陀螺仪的竞争越来越激烈，小型化、高精度和低成本成为光纤陀螺仪发展的必然趋势。

（4）MEMS 陀螺仪目前在工业应用领域中仍然占主导地位，2020 年硅 MEMS 陀螺仪市场规模达到 4.51 亿美元，未来随着 MEMS 陀螺仪微加工精度的提高、封装敏感性的降低、电子设备的优化，其综合性能不断提高，MEMS 陀螺仪会以更低的成本和更高的性能与光纤陀螺仪形成竞争。

（5）随着半球谐振陀螺仪产业化的不断发展，其成本不断降低，未来半球谐振陀螺仪或许能改变陀螺仪领域的应用分布现状。

（6）原子陀螺仪具有巨大的发展潜力和应用价值，随着科技的发展，其工程化进程的日益加快，原子陀螺仪在未来将彻底刷新陀螺仪的性能指标。

（7）在加速度计领域，摆式积分加速度计依然是主流，力再平衡加速度计在战术级和航空级设备市场规模最大，MEMS 加速度计目前达到了战术级，并已开始渗透到导航级领域，部分公司致力于开发导航级硅式微机电加速度计并实现量产。

随着现代控制理论及微电子、计算机和信息融合等的发展，基于惯性导航的组合导航技术也成为提高惯性导航性能的有效途径。基于惯性导航的组合导航技术，基本原理是利用信息融合技术，通过最优估计、数字滤波等信号处理方法把各种导航系统如无线电、卫星、天文、地形及景象匹配等导航系统与惯性导航进行结合，达到比任何单一导航方式更高的导航精度和可靠性。

未来军用市场的巨大潜力将使惯性导航向小型化、低成本、多模式方向发展，采用新工艺、新材料的陀螺仪、加速度计将推动惯性导航系统性能进一步提高。

· 扩展阅读

– 新一代惯性导航产品 –

2020 年 2 月，美国的惯性实验室（Inertial Labs）公司发布了一款高精度的战术级惯性导航单元 IMU – NAV – 100，是目前惯性实验室提供的性能最好的惯性导航单元。它利用三轴高级 MEMS 加速度计和三轴战术级 MEMS 陀螺仪，可精确测量线性加速度、航向、俯仰和横滚角速度。IMU – NAV – 100 陀螺仪具有极低的噪声和高可靠性。

2020 年 8 月，VectorNav 公司推出了战术嵌入式惯性导航产品，如图 2 – 16 所示，其中包括了战术级 IMU 和多频段卫星导航辅助惯性导航系统模块，整个产品质量仅为 15 克，可提供毫弧度的姿态精度和厘米级的定位能力，可应用于卫星通信系统、高精度激光雷达测绘和摄影测量，另外还支持用于监视和侦察卫星、电子战、弹药和无人机导航的外部防欺骗 GPS 模块。

图 2 – 16 战术嵌入式惯性导航产品

第3章
匹配导航系统

夫以铜为镜，可以正衣冠；以古为镜，可以知兴替；以人为镜，可以明得失。

——《旧唐书·魏徵传》

惯性导航定位技术有自主性好、保密性强等诸多优点，但它存在着误差随时间迅速积累的问题，这是惯性导航系统的主要缺点。为了克服这一缺点，需要利用外部匹配信息对误差进行修正。惯性导航系统可以与很多辅助导航手段（如卫星导航系统、匹配导航系统）相结合，形成组合导航系统。

· 名词解释

– 匹配导航 –

匹配导航属于自主导航，是一种辅助导航手段，它采取导航信息匹配技术，将运载体的实时位置信息与事先存储的导航数据进行匹配，以估算出运载体偏离预定路线的信息，从而调整运载体的运动状态来满足不同运载体的导航定位需求。

匹配导航是基于地球物理信息数据库的一种导航技术。其关键要素有三点：首先要有数据库，即存储在运载体上的、待匹配的导航数据，主要指匹配图；其次要有实时测量导航数据的传感器；最后要有匹配算法来实现运载体实时位置与存储数据的匹配。

匹配导航系统，主要包括地图匹配导航系统、景象匹配导航系统、地形匹配导航系统、地磁匹配导航系统和重力匹配导航系统。下面主要介绍各种匹配导航系统的基本原理和技术发展，及其在军事上的应用。

3.1　地图匹配导航系统

地图匹配导航技术，是一种图像匹配导航技术，为计算机技术、数字地球技术和图形图像技术发展的产物，也是一种基于数字地图技术的自主式导航技术，具有隐蔽性好、自主性高、导航定位的精度与运载体的航行航程无关等独特的优势。地图匹配导航通常分为景象匹配导航和地形匹配导航，统称为数字化地图导航。本节主要介绍数字地图以及地图匹配导航原理与应用。

3.1.1　数字地图

地图是地球表面的模拟图像，通常所说的地图一般是指传统的纸质地图。1998 年初，时任美国副总统的戈尔在一次科技会议上正式提出了"数字地球"的概念，并将"开发分辨率为 1 米的数字地图"作为实现数字地球的核心步骤和目标成果。随着计算机技术的快速发展，21 世纪以来，数字地图越来越普及，现在我们常用的电子地图，如百度地图就属于数字地图（图 3 – 1）。

图 3 - 1   数字地图

　　与传统的纸质地图不同，数字地图是一种虚地图。之所以称为虚地图，是由于数字地图在形式上并不是地图，它对于人而言不是直观可视的，其实质是一组地理空间数据的集合，即按照一定的地理框架组合的、带有确定坐标和属性标志的、描述地理要素和现象的离散数据。之所以被称为地图是由于这些数据可以通过一些处理方法，在某些显示屏上再现为可视化的地图。因此，数字地图可以展示的信息量远大于普通地图。

・名词解释

– 数字地图 –

　　数字地图是以数字形式记录和存储的地图，需要通过专用的计算机软件对这些数字进行显示、读取、检索、分析。

　　数字地图可以非常方便地对普通地图的内容进行任意形式的要素组合、

拼接，形成新的地图。可以对数字地图进行任意比例尺、任意范围的绘图输出。它易于修改，可极大地缩短成图时间；可以很方便地与卫星影像、航空照片等其他信息源结合，生成新的图种；可以利用数字地图记录的信息，派生新的数据。如地图上等高线表示地貌形态，利用数字地图的等高线和高程点可以生成数字高程模型，将地表起伏以数字形式表现出来，可以直观立体地展示地貌形态。这是普通地形图不可能达到的表现效果。

在使用地图匹配导航前需要预先制作大量的数字地图，因此对数字地图的研究尤为重要。

3.1.2　军用数字地图

当数字地图的优越性在经济社会逐渐凸显并带来众多的经济效益时，军用数字地图也悄然而至。从科技发展的态势来看，未来战争必然是知识化、信息化的战争，是建立在知识和信息的获取、传输、加工、利用基础上的战争，也可说是"敲打计算机键盘"的信息战争。这必将引发军事领域的深刻变革，军用数字地图也逐渐走向未来信息化战场的前线，成为指挥与决策的"撒手锏"。具体地说，军用数字地图是把战场上每一角落的信息都收集起来，把这些数据输入计算机的数据库中，按照相关的地理坐标建立起完整的信息作战指挥模型。这样做既可体现出这些数据的内在联系，又便于检索利用。通过军用数字地图，指挥员可以快速、完整、形象地了解战场上敌我双方各种宏观和微观的情况，并能充分借助和发挥这些数据的作用。与传统的平面地图相比，数字地图有许多优势。它的显现形式多样化，既可通过绘图仪制成纸制地图，又可通过屏幕显示，还能对重要地域进行局部放大，以便分析；通过计算机，数字地图可随时对地形、地貌的变化信息进行及时修正和补充，保证地图随时反映出地形的最新面貌，使指挥员拥有实时、全面、准确的战场地形图，而不会"蒙在鼓里瞎指挥"；此外，它储存的信息种类多，且便于传输。军用数字地图不仅能用图形符号形象地表示全部地形要素，而且能提供相邻点间的位差、性质等数据信息，使指挥员对地形情况一目了然。

3.1.3　地图匹配技术

所谓的地图匹配就是指在不同的条件下对同一地方的景象地图所进行的匹对。具体来说就是同一传感器在不同时间，或者不同传感器在同一时间，抑或是不同的传感器在不同时间对获取的同一场景下的地图在空间上进行对准，以确定两幅地图之间的平移和旋转关系。

既然涉及匹配，就需要一个基准。我们通常把事先获得的地图称为基准图，把在匹配过程中在线或实时获得的地图称为实时图。匹配的基本方法就是从基准图中提取具有不变特征或者具有明显特征的子区，在实时图中搜索与基准图的子区间具有相似特征的区域，进行相似度检测。当匹配相似性检测度达到最大，且超过预先规定的阈值时，即判定为找到了正确的匹配位置。

地图匹配技术的关键在于其匹配算法，地图匹配算法可谓是百花齐放、百家争鸣。根据地图匹配算法总体构思的不同，可以大致分为以下四种类型：几何匹配算法、概率匹配算法、紧组合匹配算法和综合匹配算法。

在一般的工程中，为了在保证一定匹配质量的同时提高运算速度，常常采用多种方法相结合来进行地图匹配。在 3.1.4 和 3.1.5 节中，我们将介绍地图匹配导航的基本原理及其应用。

3.1.4　地图匹配导航原理

地图匹配导航就是利用地图匹配技术来对运载体进行导航定位。如图 3 - 2 所示，地图匹配导航系统一般由基准图存储器、图像传感器和相关/匹配处理器组成，其中基准图存储器主要用来存储数字地图，图像传感器用于实时成像和获取图像，相关/匹配处理器主要完成实时图和基准图的相关/匹配运算。

前面已经提到地图匹配导航的关键之一就是数字地图的制作。通过卫星摄影、航空摄影、大地测量等方法，或利用已有的地形图，预先将运载体经过区域的地形地貌特征数据（主要是位置坐标、大概地形、海拔高程）制作

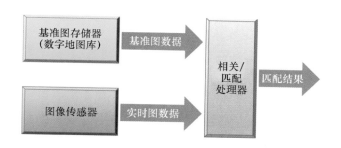

图 3 - 2 　地图匹配导航系统的原理框图

成数字地图，并将其存储在运载体的计算机中。运载体在运动到已经数字化的预定区域时，其自带的测试设备将再次对该区域进行测量和图像录取，从而处理得到该区域的地表特征地图，并将此图与预先存储的原图进行相关性匹配，确定运载体所处的实际地理位置和标准位置之间的偏差，从而可以对运载体的运动轨迹进行实时修正并导航。

3.1.5　地图匹配导航系统应用

由于地图匹配导航具有自主性、隐蔽性以及精度较高等优点，因此目前已作为一种重要的辅助导航技术广泛应用在汽车、空间飞行器、舰艇中，也应用在提高导弹精度的制导设备中。地图匹配导航系统常常用来辅助惯性导航或卫星导航等导航系统，其在军事上的应用主要包括陆地车辆的自主导航、作战飞机的自主导航、导弹的精确制导等。

3.2　景象匹配导航系统

• 名词解释

– 景象匹配导航 –

景象匹配导航技术是一种基于二维图像信息的匹配导航技术，它利用运载体上的图像传感器实时获取地面景物的二维图像，并与运载体上存储的参考图像进行匹配从而获得运载体的位置信息，修正惯性导航系统等推算导航系统积累的误差，为运载体实现自主精确导航提供重要的保障。

下面主要介绍景象匹配导航的原理、技术特点、最新技术发展以及其在精确制导武器系统中的应用。

3.2.1 景象匹配导航系统技术原理

景象匹配导航系统主要由机载图像传感器、高精度的景象图像存储装置和相关/匹配处理器组成。图像传感器通常为光学摄像装置或雷达敏感装置，主要用于取图、成像和图像处理。常用的景象图像存储装置为数字图像存储器或模拟图像存储器，主要用于存储事先获得的基准图。相关/匹配处理器一般为计算机、电子图像相关器、光学相关器等，主要用于实时图和基准图的相关运算。

景象匹配导航系统的原理如图 3 - 3 所示，下面以导弹的精确制导为例来讲述景象匹配导航的原理。在精确制导武器应用中，常常需要将预先获取的地面景象图片，按照一定的像素尺寸转化为数字地图。当确定导弹的打击目标后，需要根据导弹发射点和目标点附近的特征来确定导弹的飞行路线，即在数字地图上选定以目标为中心的一定区域作为响应区域，并将此区域的景象作为基准图存储在弹载匹配计算机中。当导弹按照预定路线飞行时，弹载传感器便会根据地面区域的地貌特征信息（如地形起伏、地磁场强度分布、无线电波反射等）与地理位置之间的对应关系来摄取正下方预定区域内的地面图像，并按像点尺寸、飞行高度和观测视角等参数生成一定大小的实时图。此时，相关/匹配处理器将进行实时图与基准图的对比。匹配的关键是辨识出两幅在不同时间所摄取的同一景物的图像，由此来确定导弹实时位置与目标位置之间的偏差。根据偏差发出制导命令，进行位置修正，从而使导弹能够

精确地命中目标，这就是景象匹配导航技术在精确制导武器应用中的基本
原理。

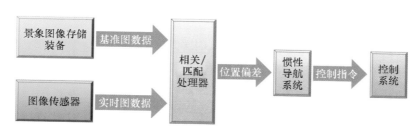

图 3 - 3　景象匹配导航系统的原理框图

3.2.2　景象匹配导航的技术特点

用于辅助导航的景象匹配导航技术不同于一般的图像匹配技术，它是一
种特殊的二维图像匹配技术。对于一般的图像匹配技术而言，主要看重的是
匹配的准确度，对匹配速度的要求不高。但是用于辅助导航的景象匹配导航
技术却对匹配速度的要求非常高，因为低空飞行器的相对时速非常快，如果
匹配速度满足不了实时性的要求，即使匹配准确度再高，也不能及时修正飞
行器的位置偏差。因此，如何提高图像匹配和搜索的精度和速度，成为景象
匹配导航要解决的关键问题。

景象匹配导航具有以下优势：整个运行过程完全自主，这不仅对提高飞
行器的隐蔽性大有帮助，而且使飞行器具有较强的抗电子干扰能力；提高了
导弹的命中精度，将导弹的命中偏差控制在几十米甚至几米的范围内，使导
弹可以精确攻击敌方的机场、港口以及城市中的重要军事建筑，提高了导弹
的命中率，减少了对非军事目标的破坏，降低了作战成本和战场中的不可预
测性；使得导弹的命中精度与导弹的飞行距离无关，大大减少对惯性导航仪
表的依赖。

同时，景象匹配导航的技术缺陷也十分明显，主要体现在：景象匹配导
航需要在使用前预先制作基准数字地图，制作周期与攻击的目标有着直接的

关系，一般需要一周左右的时间。假如发现了某恐怖组织的秘密据点，准备用巡航导弹攻击它，可能当一切准备就绪后，恐怖组织早已撤离该据点。从预攻击到真正攻击所需要的准备时间比较长，对手会有充分的时间进行准备，从而使得攻击可能失效。基准图和实时图是在不同时间、不同高度、不同拍摄条件甚至不同拍摄方法下所拍摄的两幅图像，所以存在着一定程度的景象差别、形状差别，图像的质量也不同。一般情况下实时图与基准图之间存在着严重的图像畸变，并且实时图还存在着一定的噪声干扰，这就直接影响了匹配的稳定性和可靠性，从而严重制约了景象匹配导航的应用范围。当面对一大片无明显景象变化的区域时，如草原、森林、沙漠、海洋等，景象匹配导航系统可能因为无法定位而无法使用或使定位精度大大降低。景象匹配制导的打击目标一般是静止不动的物体，目前还难以攻击机动目标。目标区域的基准图是预先存储在弹载计算机中的，基准图是不能变更的，要想实现对动态目标的精确打击，首先要确保动态目标一直在基准图内运动，其次要能实时、快速完成导弹弹道的修正和图像匹配，并确保其精度，这是一个相当困难的问题。

3.2.3　景象匹配导航的技术发展

景象匹配导航的精度主要取决于图像传感器的性能、图像匹配算法的特性，所以随着这些器件和算法的不断发展，景象匹配导航技术也不断成熟。

1. 图像传感器

目前比较先进的机载图像传感器有：红外图像传感器、多光谱传感器、超光谱传感器、激光雷达、毫米波雷达、合成孔径雷达（synthetic aperture radar，SAR）等。一般的光学传感器由于会受到云雾等一些环境的影响而不适用于景象匹配导航。合成孔径雷达是一种先进的微波对地探测设备，具备全天时、全天候、高处理增益和高抗干扰性能的工作特点，能获得类似光学照片的高分辨率雷达图像，分辨率通常能达到米级甚至亚米级，其优良的特性使得它备受各国的重视。目前主要的 SAR 系统有高质量成像 SAR 系统、多参数 SAR 系统、超宽带 SAR 系统、前视 SAR 系统等，随着 SAR 小型化、抗干扰能力增强、探测范围更广泛、探测分辨率越来越高，高质量的实时图像匹配处理问题将得到妥善解决，这极大地推动了景象匹配导航技术的发展。

2. 图像匹配算法

由于景象匹配导航的特殊应用场景，图像匹配算法应当具有实时性、基于特征的图像匹配、较强的容错和抗干扰能力等特点，以下介绍几种比较常用的景象匹配算法。

SAR/INS 组合导航中基于快速鲁棒特征（speeded up robust features，SURF）的景象匹配算法。相对于普通的景象匹配算法，该算法在适应性、抗高斑点噪声、匹配精度、实时性等方面都表现出了更大的优越性，能更加适应高斑点噪声环境下的 SAR 图像处理的需求。

基于遗传算法的快速景象匹配算法。该算法是在典型的基于灰度的景象匹配算法上，结合了遗传算法和分层搜索策略而得到的。由于该算法匹配过程中考虑了对旋转变化实时图像的处理，从而省去了图像对准的预处理步骤，节省了时间。同时，遗传算法和分层搜索策略的引入，优化了搜索过程，提高了匹配效率。

基于方向梯度直方图（histogram of oriented gradient，HOG）特征的下视景象匹配算法。HOG 特征主要用来描述局部梯度分布特性，基于 HOG 特征的匹配算法鲁棒性强，与传统的灰度互相关算法相比，具有较高的匹配正确率。

改进的尺度不变特征变换（scale invariant feature transform，SIFT）图像配准算法。基于 SIFT 的图像匹配算法相对于普通的基于特征的景象匹配算法具有更强的普适性和匹配精确性，通过一些曲线拟合，其匹配精度能达到亚像元级别，基于 SIFT 的改进景象匹配算法在系统的可靠性和实时性方面得到了进一步的提高，非常适用于 SAR/INS 组合导航。

3.2.4   景象匹配导航系统的应用

1996 年 3 月，时任美国国防部长的威廉·佩里在给总统和国会的年度报告中首次提出了"军事革命"的概念，指采用新技术的军事系统与创新的作战概念和组织改编相结合，从根本上改变军事行动的特点和进程。报告还预测了未来战争的变化，第一是远程精确打击，第二是信息战。同时他提出了纵深精确打击可能主宰未来的战争，在现代战争中必须拥有高性能、多功能的远程精确攻击导弹。精确制导武器是未来空地一体战中实施纵深打击的主要手段，世界各国都在加紧研制和部署。

1. "战斧"式巡航导弹

"战斧"式巡航导弹简称"战斧"导弹，是美国研制的系列巡航导弹。这一系列导弹的尺寸、质量、助推器、发射平台都基本相同，不同之处主要是弹头、发动机和制导系统。

（1）BGM－109C 常规对陆攻击导弹

如图 3－4 所示为 BGM－109C 的外观图，其内部构成如图 3－5 所示。该导弹属舰（潜）对地型导弹，是第二批次的"战斧"导弹。1973 年初开始研

图 3－4   BGM－109C 外观图

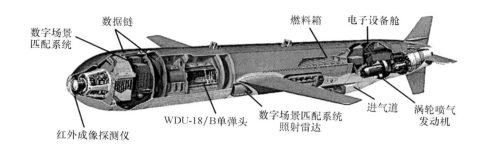

数字场景匹配系统　数据链　　　　　　　　　　燃料箱　电子设备舱

红外成像探测仪　　WDU-18/B单弹头　数字场景匹配系统照射雷达　进气道　涡轮喷气发动机

图 3-5　BGM-109C 内部构成图

制，1982 年初装备潜艇，1983 年 6 月装备水面舰船，主要用来装备攻击型核潜艇和护卫舰级以上的水面战舰，以攻击敌方海军航空兵基地指挥中心、桥梁、油库等陆上重要目标。导弹计划总产量为 2 643 枚，制导系统为惯性导航/GPS/数字式景象匹配区域相关器（digital scene matching area correlation, DSMAC）。导弹配备高能弹头，射程 1 300 千米 ，巡航高度 15～150 米，巡航速度 0.72 马赫（马赫为载体速度与音速的比值，1 马赫 ≈340.3 米/秒），理论命中精度为 3～6 米，实际命中精度可达 15～18 米。根据对"战斧" BGM-109C 在海湾战争中三次参战的统计结果，可以看出其主要优势：

可靠性较高。实际平均发射可靠率为 97.2%，飞行可靠率为 83.6%，总可靠率达 81.2%；对目标有较高的命中概率，在不遭受拦截的情况下，导弹的命中概率可以达到 80%。

直接摧毁目标能力较强。在导弹直接命中目标的条件下，可以完全摧毁外露面积 1 600 平方米的指挥机构、2 500 平方米的厂房设施和外露半径在 4 米内的地下掩体。

（2）Block Ⅲ型对陆攻击导弹

针对 BGM-109C 在海湾战争中暴露出来的对小型点目标命中率低、目标识别能力不高、末端突防能力差等问题，美国海军制定了 Block Ⅲ 改进计划。新研制的 Block Ⅲ型导弹属舰（潜）对陆型，是以 BGM-109C/D 为基础加以改进的，1993 年装备部队。其采用先进的 F107-WR-402 型发动机，射程为

1 667 千米（舰射型）/1 127 千米（潜射型），巡航速度 0.72 马赫，命中精
度 3~6 米，战斗部采用 WDU－36B 钝感炸药高效战斗部，采用惯性/卫星/
DSMAC2A 联合制导方式（DSMAC2A 是 DSMAC 的第 2 代改进型）。

　　1999 年 3 月 24 日，以美国为首的北约对南联盟悍然采取了空中军事打
击，并于当年 5 月 8 日野蛮地轰炸了我国驻南联盟大使馆。在这次侵略行动
中，美军使用的巡航导弹以"战斧"式 Block Ⅲ 型为主，其弹头如图 3－6 所
示。改进型数字式景象匹配区域相关器向导弹显示飞向目标途中的路标数字
图像，减少季节和昼夜变化对制导精度的影响，扩大了有效景象区域，使导
弹可准确射入一个足球门大小的区域中。如果目标发生变化（如目标被炸
毁），弹载计算机仍能识别部分景象，准确计算出弹道飞行姿态并修正数据，
通过 GPS 系统可随时确定导弹的三维空间位置和飞行速度，使导弹不偏离航
向，控制导弹从不同方向攻击目标，同时大大缩短任务规划时间。这些措施
使导弹攻击的准确性大大提高。

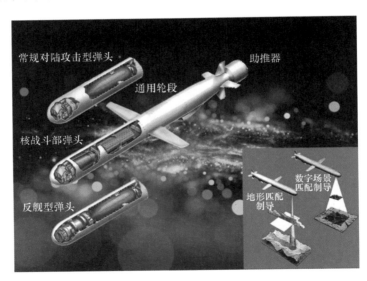

图 3－6　"战斧"式巡航导弹弹头图

2. "伊斯坎德尔"战役战术导弹

　　如图 3－7 所示为"伊斯坎德尔"导弹，它是俄罗斯军队目前装备的最先

进的战役战术导弹。从 2005 年起，俄军开始采购并在陆军中装备"伊斯坎德尔"导弹。

图 3 - 7   "伊斯坎德尔"导弹

"伊斯坎德尔"导弹采用惯性制导/卫星导航（GPS/GLONASS）/景象匹配制导等多种制导方式联合制导。当该导弹单独采用惯性制导时，导弹在 280 千米射程内的命中精度约为 30 米；采用惯性制导加景象匹配制导时，命中精度理论上小于 2 米。该导弹还具有毁伤能力强、突防性能好、使用环境条件要求低、反应速度快等优势。

2007 年 5 月 29 日，俄军利用"伊斯坎德尔 - M"导弹武器系统发射了 R - 500 巡航导弹并获得成功，监测数据显示，命中精度达到 1 米。

3.3   地形匹配导航系统

利用地形特征对飞机、导弹、潜艇等进行导航是人们所熟知的古老导航技术。从飞机的出现开始，飞行员就通过肉眼观察地形、地物进行导航。现代电子信息技术的迅猛发展给古老的地形导航技术带来了革命性的变革，使得导航技术可以把地形数据库和地形匹配的概念结合起来，从而使定位达到前所未有的精度。地形匹配导航技术和卫星导航、惯性导航一样，已经成为当今军事导航领域的重要技术。

• 名词解释

――― 地形匹配导航系统 ―――

地形匹配导航系统利用地形和地物特征进行导航，实质是由惯性导航系统、无线电高度表和数字地图构成的组合导航系统。

目前已研制出了各种不同的地形匹配导航系统，如地形轮廓匹配导航系统、惯性地形匹配导航系统、地形参考导航系统、地形剖面匹配导航系统等。

地形匹配导航系统之所以能够迅速发展和成熟，是由以下因素决定的：

（1）已经研究出能够提取出精确信息的各种算法；

（2）微处理器技术的发展使其能够在飞行器上实时地完成这些算法；

（3）大容量动态存取存储器的出现，使其能将世界范围内的地形数据存储在运载体中。

3.3.1 地形匹配导航技术原理

随着科技的发展，先进的武器装备对导航系统有了更高的要求，尤其是在精确打击目标方面，要求实时定位精度高达米级，并且还能够满足隐蔽性、抗干扰性、抗打击性等战术需求。目前有两种导航技术能够满足上述条件：一种是卫星导航与惯性导航相结合的组合导航，另一种是基于地形匹配辅助的惯性导航。

地形匹配导航系统是一种仅适合于低高度工作的系统，它的主要原理是在已有的机载主导航系统的基础上，通过实时测量飞行器下方地形高度值并与机载地形高度数据库的数据进行比较，从而修正主导航系统的定位误差。

据研究，当飞行器离地高度超过 300 米时地形匹配导航系统的精度就会明显降低，而超过 800 米的高度则无法使用。

由于地形匹配导航系统在低空、超低空飞行时，不仅能提供飞行器的水平精确位置，而且能提供精确的高度信息，因此，该系统在贴地告警和障碍告警、地形跟踪、目标截获和精确投放武器、近空支援、低空强击等战术飞行中具有重要作用。

与广泛使用的卫星导航系统比较，地形匹配导航系统具有许多卫星导航系统不具有的优点，如地形匹配导航系统不依赖外部设备，因而自主性强且不易受干扰，军事价值高。虽然地形匹配系统定位精度较高，但只能在具有起伏等明显特征的地区发挥作用，在平坦的地区效果很差。这是由其工作原理决定的，因为它主要利用高程信息进行修正，而在平坦地区高程变化不大，无法确定精确位置，会造成较大的定位误差。所以也常常将地形匹配导航系统与卫星导航系统组合使用。

地球表面崎岖不平，不同地方的地形高度轮廓不同，陆地表面上任何地点的地理坐标，都可以根据其周围地域的等高线地图或地貌来单值确定。这些信息一般不随时间和气候的变化而变化，也难以伪装和隐蔽。利用这些特征，通过大地测量、航空摄影、卫星摄影或已有的地形图等预先将运载体要经过的地域、地形数据（主要是地形位置和高度数据）制作成数字化地图，储存在运载体的计算机中。运载体在飞越已经数字化的预定空域时，其装载的探测设备对该区域进行测量存储，取得实际的地表特征图像，将实时图与预先存储的航道上的区域地形数据进行比较，若不一致，表明偏离了预定的飞行航迹。由此可以确定运载体实际飞行的地理位置与标准位置的偏差，用来对运载体进行导航。这种方式属于一维匹配导航，适合于山丘地形的飞行。地形匹配导航系统一般由地形匹配系统、惯性导航系统、数字地图存储设备和数据处理设备组成，如图 3-8 所示，其中地形匹配系统用于运载体运行过程中实时获取地形图，惯性导航系统用于确定运行路线，数字地图存储设备用于将预先存储在机器中的数字地图与实时获取的地图进行匹配，数据处理设备用于实时处理匹配数据，修正运载体运行方向。

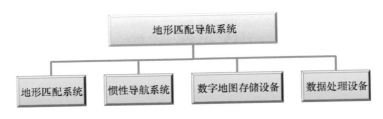

图 3 - 8　地形匹配导航系统组成图

对于远距离航行来说，要存储全域地形信息是不可能的，因为要存储的信息量太大，进行相关计算的工作量也非常大，飞行器上的计算机难以满足要求。所以，在实际工作中，通常把要航行的路线分成许多匹配区域，一般是边长为几千米的矩形，再将该区域分成许多正方形网格。通过卫星或航空测量获得匹配区的地形数据，记录下每个小方格的地面高度平均值，将其存入计算机。当飞行器在惯性导航系统控制下，经过第一个匹配区时，以这个地理位置为基础，将实测数据与计算机存储数据进行比较，可以确定飞行器径向和横向的轨迹误差，再根据误差给出修正指令，使飞行器回到预定航线，然后再驶向下一个匹配区，如此不断进行比较和匹配，就能使飞行器连续不断地获得任意时刻的精确位置。图 3 - 9 是其组成原理示意图。

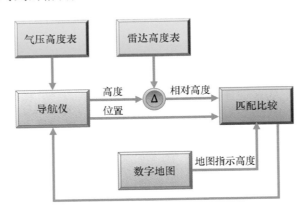

图 3 - 9　地形匹配导航系统组成原理图

　　数字地图就是存储在计算机中数字化的地图，它是通过对地形高度的离散采样并量化后得到的。其采样距离叫作网格距离，数字地图采用二维平面坐标，通常是 WGS - 84 大地坐标系。WGS - 84 大地坐标系是国际上采用的一种地心坐标系，它的坐标原点为地球质心，三个坐标轴的指向都是国际时间局在 1984 年定义的，所以称为 WGS - 84 大地坐标系。地形高度值用地形传感器测量，就目前的地形匹配测高仪器而言，地形传感器就是高度表，主要有气压高度表和无线电高度表（雷达高度表）两种。气压高度表是通过测量环境大气压力间接测量飞行器高度的仪器；无线电高度表是根据无线电波反射原理测量飞行器距地面真实高度的机载无线电设备，它实际上是一种以地面（海平面）为探测目标的测距雷达，所指示的高度即为真实高度。无线电高度表按工作方式不同，可分为调频式和脉冲式两种。与气压高度表配合的导航仪提供水平位置和高度估算值。从海拔高度估算值中减去雷达高度表测量的离地高度，从而求出实测的地形高度，然后与数据库中的高程信息进行比较匹配，对位置信息进行修正。

　　如图 3 - 10 所示，当飞行器飞行一段时间后，传感器可获得一系列的地形数据，转化为实测地形剖面，即以导航系统估算的最后位置为中心画出一个选定大小的网格化的不确定区域，该不确定区域的大小应根据导航系统的

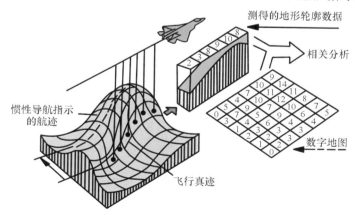

图 3 - 10　地形匹配示意图

误差幅度来确定，以确保巡航导弹的真实位置位于该区域之中。再依次将不确定区域内的每个网格点视为端点，从数字地图中提取一条与导航系统指示位置相平行的地形剖面，获得的地形剖面的数量等于不确定区域内的网格个数。将网格数据与存储数据进行相关分析，具有相关峰值的点即被认为是飞行器的估计位置。

3.3.2 地形匹配导航系统的应用

2002 年美国研究出了精确地形匹配导航技术，该技术提高了导航的精度和可靠性，取得了导航技术的重大突破。2020 年 2 月，NASA "毅力"火星车搭乘"阿特拉斯 – 5"型运载火箭发射升空。在着陆与探测任务中，利用地形匹配导航技术，"毅力"号火星车将实时地图与预存的地图进行比较来确定降落点，避开降落过程中可能遇到的陡坡和大型岩石。在之前没有使用地形匹配技术的着陆任务中，探测器根据深空网络提供的数据来估算其与地面的位置，误差为 1~2 千米。利用地形匹配技术后，火星车利用降落伞降落，穿越火星大气时估算自己的位置，精度达 60 米。另外火星车还可以利用地形信号避免降落在斜坡等不安全地带，极大地提高了着陆火星的准确性和安全性。

到目前为止，地形匹配导航系统在飞机、巡航导弹、潜艇等方面应用广泛，下面具体来介绍其在这些方面的应用情况。

已经有许多国家将地形匹配导航系统应用在战斗机上，如美国的 F – 16、英国的"飓风"式飞机、法国的"幻影 2000N5BA"以及俄罗斯的苏 – 34 等。地形匹配导航系统的特点可以使战机利用夜色作为掩护，突破敌方防空系统，并且可以在恶劣气象条件下，完成对敌目标的突然打击。这大大提高了战机在严重威胁环境下的生存能力，从而提升了整个部队的机动能力，对信息化条件下军队战斗力的提升至关重要。

巡航导弹又称飞航式导弹，是指主要以巡航状态飞行的有翼导弹。根据发射位置不同，巡航导弹可以分为空射、海射和陆射巡航导弹，射程一般大于 500 千米。"战斧"巡航导弹在海湾战争中的出色表现，引起了世界各国的

极大关注。当时美国袭击伊拉克用的是海射"战斧"巡航导弹 BGM - 109A
和空射"战斧"巡航导弹 AGM - 86B。BGM - 109A 所采用的地形匹配系统是
麦道公司研制的 AN/DSW - 15 型等高线地形匹配装置，它依据雷达高度表测
出的巡航导弹飞越地区的实际地形高度和事先存储在计算机内的等高线数字
地图进行匹配，求出惯性导航系统的累积误差，形成控制指令，控制导弹沿
着预定航向飞向目标。为了节约成本，美国在 BGM - 109A 中采用了断续式地
形匹配修正。在导弹初见陆地时匹配精度相对较低，但在逼近目标的最后
320～480千米处，采用了精度较高的全地形匹配。为了避免防空火力的拦截，
导弹可以进行 360°全方位飞行，可有效避开敌方拦截。

BGM - 109C 是"战斧"系列中的战术对陆常规攻击导弹，要求比 BGM -
109A 有更高的命中精度，因而在 BGM - 109C 上选用了数字式景象匹配作为
末制导，使用辅助等高线地形匹配系统来进一步提高导弹的命中精度。

为了进一步提高巡航导弹的制导精度和制导性能，往往会在导弹上加装
卫星导航接收机，利用卫星定位弥补地形匹配导航系统的不足，提高了地形
匹配导航系统的初始搜索和跟踪性能。

潜艇肩负着近岸保护、对敌封锁、攻击敌舰、发射巡航导弹和弹道导弹、
对敌战略目标和重要设施进行突然打击的重要使命。然而，潜艇的自卫能力
差，缺少有效的对空观测手段和对空防御武器，水下通信联络较困难，不易
实现远距离通信，并且观察范围受限，易于暴露。因此，精确的导航系统对
潜艇安全航行和完成作战任务十分重要，潜艇上应用较多的是惯性导航系统，
但惯性导航的累积误差必须进行校正。如果采用卫星导航系统进行累积误差
校正，那么潜艇必须要上浮，大大增加了暴露的风险。当前，很多国家正在
积极研究地形匹配导航系统在潜艇上的应用。其基本原理与等高线地形匹配
原理相同，采用声呐测量潜艇到海底的高度，再根据潜艇下潜深度，计算出
海平面下该处海底深度，将计算所得数据与计算机存储的地形数据进行比较，
对惯性导航系统的累积误差进行修正。这样不仅提升了潜艇的隐蔽性，还可
以对潜艇周围的障碍进行预警。

3.4 地磁匹配导航系统

地球周围的物理空间存在的磁场称为地磁场。处在地球近地空间内的任意一点都具有磁场强度，其磁场方向和强度都会随着经度、纬度和高度的变化而变化，并且地磁场有着非常丰富的物理参数信息，为航空、航天、航海和水下导航等提供了天然的"坐标系统"。古代中国人最早发现并应用了地磁现象，早在战国时代就有使用天然磁铁石磨成指南针（称为司南），应用于军事战争和航海等领域的记载，直到12世纪，地磁场的应用才由中国传至欧洲，经过不断发展完善，为地磁匹配导航的实现提供了理论基础。本节主要介绍地磁匹配导航的原理、设备以及在航空航天导航和水下导航中的应用。

3.4.1 地磁匹配导航技术原理

所谓地磁匹配，就是指首先把预先规划好的运载体航迹上某片区域内的地磁场匹配特征量绘制成基准图（或称参考图），存储在运载体的计算机中；然后当运载体经过该片区域时，可以通过装载在运载体上的磁测量设备，测量得到这些点地磁匹配特征量的实时图；最后将计算机内存储的基准图与实时图进行相关匹配，确定该运载体的实时坐标位置，供导航计算机解算导航信息，从而校正导航系统的累积误差，达到高精度自主导航的目的。

从上述定义可以看出，实现地磁匹配导航的关键有3点：首先要建立精确的地磁场模型，其次要能利用地磁传感器测量出某区域内的实时地磁数据，最后还要有适用于地磁匹配导航的核心匹配算法。因此下面主要介绍地磁场、地磁场模型及地磁匹配算法，以便对地磁匹配导航有较为全面的认识。

1. 地磁场

地磁场是地球的基本物理场（图3-11），是地球的固有资源。地磁场存在大量的地磁参数信息，包括地磁总场、地磁三分量、磁倾角、磁偏角和地磁场梯度等 7 个特征参数。并且地磁场与重力场一样都是矢量场，磁场强度的大小和方向都会随着时间和空间的变化而变化，因此某点的地磁场就可以用地理位置和时间的函数来表示，这也是研究地磁匹配导航的基础。

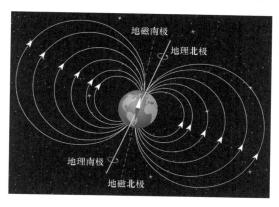

图 3 - 11   地磁场

地磁场的组成可以划分为性质不同的两部分：一部分是地球的稳定磁场（也称基本磁场），是地磁场的主要部分；另一部分是地球的变化磁场，一般很弱，在磁暴条件下也只有地磁场总强度的 2% ～ 4%。稳定磁场根据来源又可以划分为主磁场和异常场两部分，主磁场部分主要由地球内部的高温液态铁镍环流产生，占地磁场总量的 95%，并且主磁场在赤道位置的磁场强度最小，在磁极位置的磁场强度最大；异常场部分主要由地球表面和地壳中被磁化的岩石产生，这部分的波长比较短，频率小，是地球表面位置的"指纹"，适合进行地磁匹配，但是它的磁场强度比较弱，对磁场测量仪器的精度和灵敏度有很高的要求。而变化磁场主要由磁暴、太阳活动变化和地磁脉动等现象产生，没有规律，在时间上也不可预期，对地磁匹配导航来说是很大的干扰。地磁匹配导航主要是利用主磁场和异常场进行导航，这些部分随时间变化非常缓慢，是表示地球位置的物理信息，适用于地磁匹配导航定位。

描述地磁场的三个主要物理量为地磁总场、磁偏角和磁倾角。其中，磁偏角是地磁场的磁子午线与地理子午线的夹角，在地磁匹配导航中也称为磁差，磁倾角是地球上某处地磁场方向与该地面水平方向间的夹角。地磁场的强弱程度可以用磁感应强度或磁场强度来表示，磁感应强度的单位为特斯拉（T）或高斯（Gs），$1\ \mathrm{T} = 10^{-4}\ \mathrm{Gs}$，磁场强度的单位为奥斯特（Oe）。

2. 地磁场模型

地磁场模型是地磁匹配导航的核心要素，国内外学者已提出很多地磁场模型的分析方法，主要分为全球地磁场研究方法和区域（或局部）地磁场研究方法。从 19 世纪 30 年代高斯理论问世以来，球谐分析一直是在研究全球地磁场时空变化时采用的主要方法。而在研究区域范围内的地磁场时，世界各国则广泛采用多项式、曲面样条函数、球冠谐等方法。在现有的地球物理学中，一种表示地球主磁场的国际标准为国际地磁参考场，该模型是以球谐级数的形式表达，其最高阶通常为 10，共 120 个球谐系数，国际地磁学与高空大气物理学协会每隔 5 年都会对国际地磁参考场进行研究，并公布新的世界地磁场模型。另一种世界地磁场模型是由英国地质调查局和美国地质调查局共同推出的，同样也是每隔 5 年更新一次。这两种模型主要针对主磁场，而对异常场和变化磁场都体现不出来，导致使用精度比较低，因此许多国家都在致力于使用高精度地磁测量手段以建立更为精确的局部地磁场模型。

我国从 20 世纪 50 年代起，每隔 10 年都会更新一次中国地磁图。为了保障高精度的地磁测绘，进一步加强了区域地磁模型的研制，以提高敏感地区磁测资料的精度和空间分辨率。研究显示，全球地磁场模型和地磁图所用磁测来源主要是卫星磁测，平均测量高度约为 400 千米，在这种情况下，来自地壳的中小尺度的磁异常已经被滤掉，所得结果主要源于地核以及上地幔的主磁场部分；而我国地磁场模型和地磁图所用磁测资料主要来自地面和岛礁的磁测结果，这些资料既包含了源于地核与上地幔的主磁场场源，又包含了源于地壳的异常场场源。此外，我国的地磁场模型和地磁图反映的背景场与全球地磁场模型有所不同。全球地磁场模型和地磁图反映的是源于地核与上地幔的主磁场，其尺度（波长）一般大于 3 000 千米；而我国地磁场模型和地磁图反映的背景场中，既包含源于地核与上地幔的主磁场，又含有源于地壳的异常场，其尺度一般小于 1 000 千米。

　　建立导航区域地磁数据库是地磁匹配导航的前期基础工作，为地磁匹配运算提供了重要的参考依据，因此，地磁场模型精度的高低将直接影响到地磁匹配导航的精度。按照地磁场建模的途径划分，建立地磁场模型的方法主要有球谐分析法、多项式拟合法、球冠谐分析法和矩谐分析法等。在表达一个地区的地磁场分布时，国际上全球的地磁场参考模型经常不能取得较高的精度，根本的原因在于非偶极子场和区域磁异常分布的复杂性；而在局部地区引用高斯数学模型时，由于模型的数学公式非常烦琐，实用性不强，且在局部区域内利用地磁要素定性解出的系数，不可能完全满足球谐函数正交条件，同时解出的系数随着测点数目及分布的不同也有很大差异。因此，有必要根据不同用途而采取不同的数学形式，在某一地区建立区域地磁场模型。而且由于近地空间地磁匹配导航主要是应用区域地磁场异常的变化信息实现地磁匹配导航定位，研究如何建立高精度的区域地磁场模型对地磁匹配导航具有重要的现实意义。

3. 地磁匹配算法

　　匹配算法是实现地磁匹配导航必不可少的核心技术，它将实时采集的地磁场数据与预先存储的数据库数据进行匹配（图 3 - 12），匹配结果直接影响到导航最终结果的定位精度和导航效率。在地磁匹配导航中，地磁匹配算法主要是借鉴地形匹配和景象匹配的一些算法，并加以改进而形成的。匹配导

A图：实时采集的地磁场图

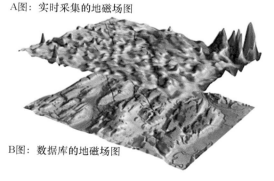

B图：数据库的地磁场图

图 3 - 12　地磁匹配示意图

航算法不需要对地磁场进行线性化，具有较高的匹配精度和捕获概率，而且能够持续使用，适合地磁场导航间歇匹配的特点。

现阶段常用的地磁匹配导航算法主要有地磁场等值线匹配算法和迭代最近等值线算法。地磁场等值线匹配算法的基本原理为：在运载体的运动过程中，首先通过磁传感器进行连续测量，得到一维磁场特征值的序列；然后根据存储的基准地磁场数据库，也可以得到一系列基准磁场特征值序列；最后采用相关函数对磁场测量特征值序列和基准磁场特征值序列进行相关处理，取得极值情况下的位置序列，就是最优匹配位置。而迭代最近等值线算法的基本原理就是通过反复的迭代计算和不断地搜索地磁匹配的最近点，最终实现测量值序列与背景场基准序列的最优匹配，从而获得最佳地磁匹配的估计位置，这种算法在搜索最近点时既能平动又能旋转，因此可以对航向误差进行校正。除此之外，国内外一些学者提出了新的改进算法，进一步提高了匹配精度，取得了较好的匹配效果，可查阅相关文献详细了解。

3.4.2　地磁匹配导航系统常用设备

地磁场敏感器件是各类地磁匹配导航系统的核心部件，在现有的一些地磁匹配导航方法中，地磁场敏感器件主要有磁罗盘、磁通门器件和各种固态磁传感器。其中以磁罗盘技术为核心的地磁导航系统主要为磁罗经系统，其主罗经采用磁罗盘直接指示航向；而以磁通门器件和各种固态磁传感器直接测量地磁场进行地磁场导航的系统称为直感式地磁导航系统，其在主罗经中由磁场传感器将敏感磁场转换为电信号，通过测量产生的电信号并解算获得地磁场参数，最终得到导航信息。

1. 磁罗经

磁罗经又称磁罗盘，是一种测定方向基准的仪器，用于确定航向和观测物体的方位。它是在中国古代的司南、指南针等基础上逐步发展而成的，主要原理是利用磁针受地磁场作用稳定指北的特性准确指示某一位置的地理方向，是一种轻便简单的指示仪器。

磁罗经有许多种类型，按构造来分，磁罗经主要有四种，即台式、桌式、移动式和反映式；按使用场所来分，磁罗经主要有航空磁罗经和船用磁罗经两种；按结构来分，可分为干罗经和液体罗经两种；而按用途来分，可分为立式磁罗经、标准罗经、操舵罗经、救生艇罗经等。如图 3 – 13 为立式磁罗经，图 3 – 14 为标准罗经。

图 3 – 13　立式磁罗经 　　　　　　　 图 3 – 14　标准罗经

如图 3 – 15 所示，磁罗经主要由若干平行排列的磁针、刻度盘和磁误差校正装置组成，磁针固定安装在刻度盘背面，通过地磁场的磁力作用，使磁针的两端指向地磁场的南北极，从而达到指向的目的，经常在船舶和飞机上作导航用。在我国古代，由于航运事业的发展，人们逐渐采用磁罗经导航，并有了"针路"的记载，表示船行应取的方向。

早期飞机上也装有磁罗经，但是由于飞机上钢铁构件和电气设备所形成的磁场干扰影响很大，必须采用补偿的方法以抵消飞机本身的磁场干扰。

2. 磁通门传感器

磁通门技术是基于磁通门现象发展起来的一门新兴技术，磁通门现象是变压器效应的衍生现象，同样符合法拉第电磁感应定律。当磁芯处于非饱和磁场中，其磁导率变化缓慢，而当磁芯达到饱和时，其磁导率变化非常明显，此时将被测磁场调制进感应电势中，就可以通过测量磁通门传感器感应电势中反映被测磁场的量来度量磁场大小。在磁通门传感器的工作过程中，磁芯

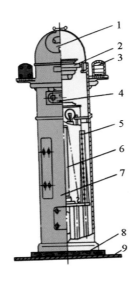

1—罗经罩；2—罗经盆；3—象限软贴片；4—开关盒；5—校正磁棒；

6—垂直磁棒；7—罗经柜；8—木垫；9—甲板。

图 3 – 15　磁罗经内部构造图

的饱和点就貌似一道"门"，通过这道门限，被探测磁场就会被调制，从而达到探测磁场特征参数的目的。

　　磁通门传感器通俗来讲就是磁通门探头，作为地磁场探测的测量元件，磁通门探头本质上是一种稍加改造的变压器式器件，其变压器效应仅仅作为对被测磁场的一种调制手段，磁通门探头只能感测环境磁场在其轴向上的分量。又由于磁通门信号相对于变压器效应来说是非常微弱的，所以一般采用双铁芯磁通门探头。一般基于磁通门技术的磁场检测方法也常称为磁饱和法，利用磁芯磁化饱和时其磁导率非线性变化特性来工作，根据检测信号的不同，磁饱和法又可分为谐波选择法和谐波非选择法两大类。谐波选择法是指只提取磁通门传感器感应电势中偶次谐波进行测量来反映磁场大小；谐波非选择法是指不经过滤波，直接测量磁通门传感器感应电势整个频率的方法。基于这两大类后来又细分出二次谐波法、四次谐波法、脉冲幅值法、相位差法等方法。图 3 – 16 是几种常见的磁通门传感器。

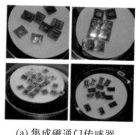

(a) 集成磁通门传感器   (b) 单轴磁通门磁力仪   (c) 三轴磁通门传感器

图 3 – 16   磁通门传感器

3.4.3　地磁匹配导航的应用

地磁匹配导航不需要接收外部信息，属于主动导航，这种导航具有隐蔽性能好、即开即用、误差不随时间积累等特点，可以弥补惯性导航长期误差积累的不足，可以应用于潜艇、舰船、车辆等载体的自主导航以及导弹等远程武器的制导，已显示出重要的军事价值和应用前景。近年来，地磁匹配导航技术取得不断进步，2020 年 8 月，美国空军联合麻省理工学院，研究利用地球磁场为飞机等军用载体提供导航，结果显示地磁匹配导航精度可至 10 米，略低于 GPS 的 3 米，相比 GPS，地磁匹配导航的信号非常稳定，不受外界干扰，更不可能被摧毁，研究团队表示，只有核爆炸规模的干扰才能影响到磁信号。

1. 航空航天地磁匹配导航应用

地磁匹配导航从指南针应用开始逐步进入了武器系统制导中。如今，随着传感器技术、数据采集与处理技术、信息融合技术的发展，导弹武器的地磁匹配导航必将得到充分的研究和应用。现阶段为了提高制导精度，采用地磁辅助导航联合 GPS（或惯性导航元件）的组合导航方式的研究正在国内外展开。对于飞航导弹来说，无论是巡航段还是末制导段，有了地磁匹配导航系统的加入，其作战效率将得到很大的提高。在巡航段，当跨平原、水域作战时，地磁匹配制导具有地形匹配制导无法比拟的优越性；在末制导阶段使用地磁匹配导航，当 GPS 在山区或攻击洞库时会出现卫星失锁的情况，而地磁匹配导航系统仍能正常工作，从而可以成功地完成作战任务。

2. 水下活动地磁匹配导航应用

地磁匹配导航技术已在很多水下活动中得到应用，如寻找海底铁磁性矿物、扫测海底沉船等铁质航行障碍物、探测海底管道和电缆等，特别是在侦察水下潜艇和水雷布设等水下活动时，地磁匹配导航有着显著的优越性，但较少有地磁匹配导航在水下载体中成熟使用的正式报道，关键原因在于地磁图并不能完整反映出水下所有的变化规律。我们使用的有效水下地磁图，通常都是由卫星或是水面船只探测完成，只能描述探测面的地磁场规律，不能描述海底所有地质变化和铁磁性物质产生的空间磁异常，因此如何在未知环境中探测地磁异常信号，反演出相应的地磁特征，根据特征和测量值创建地图，同时又能利用地图进行自主定位和导航，是实现水下活动地磁匹配导航的一大难题。

3.5　重力匹配导航系统

· 名词解释

– 重力匹配导航系统 –

重力匹配导航系统是指利用仪器测量的地球重力场数据，并根据惯性导航系统指示位置从地球重力场图中提取重力参考数据，通过匹配算法解算出运载体的位置信息，并对惯性导航系统的输出结果进行修正的系统。

重力匹配导航系统一般用来辅助惯性导航系统工作，重力辅助惯性导航系统始于 20 世纪 70 年代美国海军的一项绝密军事计划，其目的是提高搭载"三叉戟"弹道导弹潜艇的性能。20 世纪 80 年代初，美国洛克希德·马丁公司在美国军方的资助下研制了重力敏感器系统。该系统是一个稳定平台，其上安装有一个重力仪和三个重力梯度仪，可以实时估计垂直方向的重力偏差，以补偿惯性导航误差。20 世纪 90 年代，洛克希德·马丁公司在重力敏感器系统、静电陀螺导航仪、重力基准图和深度探测仪等技术的基础上开发了无源重力辅助导航系统。它通过重力匹配获取导航位置坐标，以无源方式限定或修正惯性导航误差。

3.5.1 重力匹配导航技术原理

由于地球的重力场从一个地方到另一个地方是连续变化的，其大小取决于地球表面下岩石的密度，因此可以利用地球重力场图和可以精确测量地球重力场的仪器进行导航。重力匹配导航系统的原理是在运载体航行过程中使用仪器测量地球重力场数据，同时根据惯性导航系统指示位置从地球重力场图中提取重力参考数据，对两种数据采用匹配算法解算出运载体的位置信息，并对惯性导航系统的输出结果进行修正。

图 3 - 17 是一种重力匹配导航系统的模块结构图，该系统主要有重力仪、参考重力图、惯性导航系统和重力匹配算法四个组成部分。

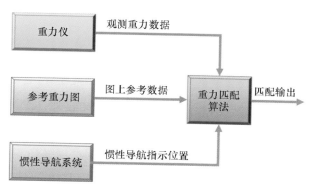

图 3 - 17　重力匹配导航系统模块结构图

重力匹配算法是将一系列的重力测量值和参考重力场分布图进行匹配，通过某种运算来确定其水平位置，由于需要测量一系列的重力数据，运载体需要航行一段时间采集足够多的数据后才能开始匹配，所以一般难以实时定位。重力匹配算法有两种工作方式：搜索模式和跟踪模式。当惯性导航系统定位误差较大时，算法工作采取搜索模式，在重力图上较大的范围内搜索出误差较小的匹配位置，减小系统的位置误差，然后进入跟踪模式。在跟踪模式下，系统会在一个相对较小的范围内精确地匹配运载体的真实位置。这样可以提高匹配算法效率和精确度。

3.5.2　重力匹配导航系统的应用

1. 航海领域的应用

潜艇深海导航是一件非常困难的事情。因为海底深处漆黑一片，没有任何光亮，并且无法收到来自卫星导航系统的电磁波信号。为了在海洋深处找到航行的道路，人们使用了航位推测法，通过罗盘和水速传感器测量出航行器的航向和速度，再根据这些参数推算出他们所在的具体位置。但这种方法的致命缺陷是精度不高，因为其无法探测洋流引入的速度分量。

在航海领域常用的导航工具是陀螺仪和加速度计，用陀螺仪确定航行的方位，用加速度计可以测量运动变化所产生的力，计算出行驶的距离。但这种导航方式存在两个缺陷。首先，海员必须知道他们的起始位置，也就是他们开始航行时的精确位置坐标。如果起始位置坐标不准确，那么往后的定位数据就都是无效的。其次，这种推算无论如何精确，经过一段时间后，误差都会累积。为了修正误差，潜艇必须浮出水面，接收来自卫星导航系统的精确数据，但这样会丧失潜艇的隐蔽性，降低潜艇的作战生存能力。

地球内部的重力场，其空间分布特征比较稳定，一般不会发生变化，影响着近地空间所有物体的运动学特性，随着卫星测高技术的逐步成熟及其应用，其测量方式也日臻完善，为绘制高精度、高分辨率的重力基准图提供了可能，我们可以以此来辅助导航定位，对惯性导航系统进行校正，解决水下导航隐蔽性问题，延长惯性导航系统在水下的有效工作时间。

当前，为了维护国家统一和主权领土完整，保障国家海洋权益和战略通道以及全球海上贸易交通运输安全，我国海军需要完成向蓝水海军的转变。重力匹配导航技术在航海领域的应用是实现上述转变的重要技术支撑，另外，重力匹配导航有望满足对水下无人潜艇精确无源自主导航的迫切需求，从而实现海军作战方式的重大变革。

2. 航空领域的应用

重力匹配导航也可以用来辅助飞行器的惯性导航系统，形成航空重力辅助惯性导航系统。航空重力仪不仅对重力加速度敏感，也对垂直加速度敏感。飞行器飞行时的机械振动，以及上下起伏和速度的改变，都会产生垂直扰动加速度。所以，在从飞机重力仪中得到重力信息时，必须消除垂直加速度的影响，这是航空重力测量中最重要的问题。卫星导航系统可以准确测量飞行器的速度和位置信息，因此目前的航空重力仪都要结合卫星导航系统进行重力测量。

· 扩展阅读

––– 火星车着陆 –––

2021 年 5 月，中国首个火星车"祝融号"成功着陆在乌托邦平原南端，中国成为继美国、苏联之后第三个成功着陆火星的国家。火星车的着陆是火星探测至关重要的一步，目前火星车着陆的成功率只有 50% 左右。火星着陆的短短几分钟，也常常被称为"死亡七分钟"。

着陆的困难首先体现在着陆地点的选择上，需要考虑当时的天气、地面平坦度等因素，其中判断地面情况是否符合着陆需求，就要使用地形匹配导航技术来完成。火星探测器"天问一号"在进入环火星轨道后，经过了三个月的"测地"工作，用自带的相机等成像设备，进行高分辨率的拍摄，以获取着陆区的高清地形和地质数据，从"天问一号"回传的高分辨率图像可以看到其分辨率达到 0.7 米，可满足着陆区选择的需要。选择好着陆区后，再使用地形匹配导航技术将火星车实时着陆地点与事先选择好的区域进行匹配，从而达到准确着陆的目的。

－高精度数字地图－

所谓高精度数字地图，就是显示精度更高、数据信息更丰富的电子地图。精度更高，指的是相比传统电子地图的米级别的精度，高精度数字地图的精度可达 10～20 厘米。数据信息更丰富，指的是相比传统电子地图只记录道路形状、方向等信息，高精度的数字地图还增加了道路坡度、曲率、航向、横坡角、车道线类型、车道宽度等数据，更有道路周边的防护栏、树、地标建筑、高架物体等大量目标数据。除此之外，高精度数字地图还能实时动态刷新道路周边的拥堵情况、天气情况、通行时间等信息，可以说，相比传统地图，高精度数字地图，更实时、精细、准确、全面地还原了道路的本来面貌。

高精度数字地图的使用对象是无人平台，如自动驾驶汽车。利用高精度数字地图，可以将车辆位置精确定位到车道上，能够对车辆中传感器无法探测的信息进行补充，同时能获取当前位置的交通状况，在云计算的辅助下，有效帮助车辆规划最优行驶路线。总的来说，高精度数字地图能解决自动驾驶汽车的环境感知、高精度定位、道路规划与决策等问题，可以说高精度数字地图就是自动驾驶汽车的行动指南。

第 4 章

无线电导航系统

大方无隔，大器晚成，大音希声，大象无形。

——老子

无线电导航系统是借助运载体上的电子设备接收已设置的无线电信号进行距离测量和角度测量，在此基础上通过几何式定位、定向的方式获得相应的导航参数，从而确定运载体位置的一种导航系统。根据无线电信号来源的位置不同，把无线电导航系统分成陆基无线电导航系统、空基无线电导航系统和星基无线电导航系统，本章将重点介绍陆基无线电导航系统，星基无线电导航系统在第五章介绍。

4.1 无线电导航系统概述

4.1.1 无线电导航系统的分类

无线电导航技术发展到今天，已经形成了比较完备的理论体系并具有十分广泛的应用领域。诸多无线电导航系统凝聚了多种理论，是多项技术的综合结晶，从系统分类就可看出其严格的科学体系结构。

无线电导航系统的分类可按不同原则进行，一般有以下几种分类方法。

1. 按所测量的电信号参量划分

（1）振幅式无线电导航系统；

（2）相位式无线电导航系统；

（3）频率式无线电导航系统；

（4）脉冲（时间）式无线电导航系统；

（5）复合无线电导航系统，即可同时测量两个或两个以上相同或不同的电信号参量的系统。

2. 按所测量的几何参量（或位置线的几何形状）划分

（1）测角无线电导航系统：位置线是与通过导航台的指北线有一定角度的一族半射线（又叫直线无线电导航系统）；

（2）测距无线电导航系统：位置线是以导航台为中心的一族同心圆（又叫圆周无线电导航系统）；

（3）测距差无线电导航系统：位置线是运载体与两个地面台成恒定距离差的一族双曲线（又叫双曲线无线电导航系统）。

根据以上导航系统测量到的几何参量可以对运载体进行定位，常用的定位方式有极坐标定位方式、双曲线定位方式、圆（位置线）定位方式、角度定位方式等。

3. 按系统的组成情况划分

（1）自主式（自备式）无线电导航系统：仅包括运载体上的无线电导航设备，可独立产生或得到导航信息；

（2）非自主式（它备式）无线电导航系统：包括运载体上的无线电导航设备和运载体外的无线电导航台，两者利用无线电波配合工作得到导航信息。

4. 按无线电导航台的安装地点划分

（1）陆基无线电导航系统：导航台安装在地面（或海上/船舰上），根据服务对象的不同，又可细分为航空无线电导航系统和航海无线电导航系统；

（2）空基无线电导航系统：导航台安装在飞机上；

（3）星基无线电导航系统：导航台安装在人造地球卫星上，也称卫星导航系统。

5. 按有效作用距离划分

（1）近程导航系统：有效作用距离在500千米之内；

（2）远程导航系统：有效作用距离大于500千米。

6. 按工作方式划分

（1）有源工作方式导航系统：用户设备工作时需要发射信号，导航台站与用户设备配合工作得到用户的定位信息；

（2）无源工作方式导航系统：导航台发射信号，运载体上只需载有导航接收机就可实现定位或定向，用户设备不需要发射信号。对军事应用来说，无源工作方式可以实现隐蔽定位，不暴露目标，但是不能像有源工作方式那样附加双向通信和指挥功能。

4.1.2　无线电导航原理基础知识

无线电导航主要利用电磁波传播的基本特性：电磁波在均匀理想媒质中，沿直线（或最短路径）传播；电磁波在自由空间的传播速度是恒定的；电磁波在传播路线上遇到障碍物或在不连续媒质的界面上时会发生反射。

通过测量无线电导航台发射信号的时间、相位、幅度、频率参量，可确定运载体相对于导航台的方位、距离和距离差等几何参量，从而确定运载体与导航台之间的相对位置关系，据此实现对运载体的定位和导航。

无线电导航通过测量电磁波在空间传播时的电信号参量（如幅度、频率及相位等）进行导航定位，它是一个时间和空间的联合概念。因此，需要在特定的时刻描述在特定空间位置的状态，从而能够对载体进行有效的导引。空间描述可以采用极坐标或直角坐标，也可用斜坐标。导航通常是相对于某一具体目的地而言的，因此用空间极坐标是方便和合理的。在无线电导航的设计中，往往构建一定的机制使得实际中测量的无线电参量与角度、距离等导航几何参量建立对应关系；然后利用几何参量与待求导航参数之间的数学关系，通过解方程或者其他等效方法求得所需的导航参数，例如，角测量就包括振幅法和相位法，距离测量则有相位法、频率法、脉冲法等具体方法。

4.1.3 无线电导航的发展历史

从 20 世纪初至第二次世界大战前，无线电测向技术的发明，使无线电导航系统真正成为了可用于导航的可靠装置，具有划时代的意义。无线电导航不受季节、能见度的限制，具有工作可靠、精度高、指示明确、使用方便等特点，很快得到了推广应用。这个时期的特点是航海无线电导航技术领先于航空无线电导航，测向能力优于定位能力。首先出现了给运载体提供导航台方位的无线电罗盘，接着定向器、四航道信标、扇形无线电信标（多区无线电信标）等无线电振幅测向设备相继问世，一些原始的推算导航仪器也开始应用。这些设备主要用来引导运载体出航、归航和按预定航线航行，使近海航海和发达地区的航空有了较为可靠和精确的保障。1902 年出现了无线电测向技术，1907 年逐步进入实用阶段。1921 年世界上第一台无线电导航设备问世，即振幅式测向仪，也称无线电罗盘，它由天线、测角器、接线箱、接收指示器和扬声器等构成，根据陆上发射台及船舶发射机发射的无线电信号来测定电波的传播方向，从而确定海上船只到地面台的方位或到某船舶的相对方位。无线电测向仪在第一次世界大战期间开始得到广泛应用，在海岸上安装可发射 375 千赫兹电磁波的信标台，船上通过可旋转的环形天线，用定向接收机测出信标台的方向，或进一步测出两个及以上信标台的方位进行船只的定位；1922 年，超声波声呐开始得到应用，用以避开水下暗礁、发现水下障碍物和潜艇等，也可用来测绘海底地图。20 世纪 20 年代末期，陆续出现了四航道信标、航空无线电信标（又叫无方向信标）及垂直指点信标，用于给飞机提供航道指引和飞过某固定点时的指示信息。1935 年，法国首先在船上开始装备甚高频（very high frequency，VHF）频段的导航雷达，以观测海岸和附近船只，用作近岸导航和船只避撞。1940 年无方向信标的自动测向仪正式投入使用。

从第二次世界大战开始至 20 世纪 60 年代初，名目繁多的各种无线电导航系统因为战争需要而被发明和研制出来，其中的大多数系统得到应用并逐步被完善，个别系统因种种原因未能普及而退出了历史舞台。20 世纪 40 年代，双曲线定位原理的近程导航系统台卡得到广泛应用。为了在夜间和复杂气象条件下保证飞机安全、准确地着陆，研制了仪表着陆系统和调频无线电高度表。随着飞机与船舰航程的增加，出现了远程导航系统，广泛应用的有奥米伽系统和罗兰系统。此外，多普勒导航雷达也作为自主式远程导航系统得到应用。20 世纪 50 年代初，将甚高频全向信标（very high frequency omnidirectional radio range，VOR）和距离测量设备（distance measuring equipment，DME）相互结合，就构成了近程导航的极坐标定位系统，能同时向飞机提供相对地面导航台的方位和距离信息。美国空军在此基础上研制出了"塔康"战术空中导航系统。

总的来说，从 20 世纪初到 20 世纪 60 年代，以迅速发展起来的无线电技术为基础，研制出了多种无线电导航系统和设备，包括台卡系统、无线电高度表、仪表着陆系统、精密进近雷达、罗兰系统、多普勒导航雷达、伏尔导航系统、甚低频导航系统、测距器、塔康系统等。这些设备使导航信号的覆盖范围从区域扩展到了全球，同时为交通密集、需要较高导航精度的区域提供了相应的导航服务，由此形成了较为完备的导航体系，这一时期是陆基无线电导航技术迅速发展的时期。

下面的内容就以无线电导航系统应用的两大领域——航空和航海，对航空无线电导航和航海无线电导航的系统和原理进行介绍。

4.2 航空无线电导航系统

4.2.1 概述

航空无线电导航是指针对航空应用的无线电导航技术，在第二次世界大战后期，航空无线电导航也取得了巨大的发展。1941 年出现并在 1946 年被国际民航组织（international civil aviation organization，ICAO）定为标准着陆引导设备的仪表着陆系统，以及在第二次世界大战中开始使用的精密进近雷达使飞机着陆成为了一个单独的空中航行阶段。

仪表着陆系统是在沿跑道方向为飞机提供指引的系统，于 1939 年开始研制。仪表着陆系统可为着陆中的飞机同时提供水平和垂直引导，使飞机在云层很低、能见度很低的情况下也能完成高精度的着陆过程，对保障飞行安全具有重要意义。到目前为止，仪表着陆系统还是最主要的引导飞机着陆的手段，应用广泛。

从军事的角度看，仪表着陆系统地面台的天线占地面积大，不适合作战机动；仪表着陆系统对于飞机的着陆引导，是利用由天线前方的地面反射而形成的斜向引导波束进行，所以对场地要求很严。因此在野战机场和航母舰载机着舰时常使用精密进近雷达，精密进近雷达是一部放在地面上的雷达，它测量下滑中的飞机的方位、仰角和距离，再将飞机的实际位置与预定的下滑道相比较，然后由地面指示飞机左右或上下运动。此种着陆设备根据来自地面的指令驾驶飞机进行着陆，因此处于被动状态，这也是十分大的缺点。所以在设有仪表着陆系统地面台的地方精密进近雷达也只是作为备用设备。

1945 年，多普勒导航系统开始发展，这是一种自主式航空导航系统，由发射机、接收机、天线、频率跟踪器和控制指示仪组成。基于测速雷达的基本原理，系统测量出射向地面的回波信号的多普勒频移，可以得到飞机相对于地面的地速和偏流角，或飞机的三维速度分量。采用航位推算原理，对速度积分求出飞机的已飞距离，可以得到飞机的当前位置等导航信息。多普勒导航系统由于工作范围不受限制、价格低、测速精度高，在 20 世纪 50—70 年代得到了广泛应用，缺点是用于定位时，存在对时间的积累误差。

VOR 系统于 1946 年出现并在 1949 年被国际民航组织接受，是一种甚高频全向信标，工作频段为 108~118 兆赫兹，为连续波工作体制。其地面台的天线方向图为一个旋转着的心脏形，当飞机相对于地面台处于不同的方位的时候，机载导航设备接收到的信号的幅度调制具有与之对应的相位，从而为距地面台 200 海里范围内的飞机（飞机高度为 10 000 米时）指示出相对于磁北来说飞机对于地面台的方位。其精度约为 ±4.5°。

但是 VOR 系统只能给飞机指出方位，为了给飞机指示出在空中的位置，1949 年国际民航组织同时接受了距离测量设备或测距器作为标准航空进程导航系统。它工作在 960~1 215 兆赫兹频段，机载设备通过发出无线电脉冲信号，地面台设备借助询问和应答脉冲测量出距离地面台的距离。其作用距离也为 200 海里（飞机高度为 10 000 米时），系统精度为 0.5 海里或距地面台距离的 3%（取其中较大者）。由于地面台需要对飞机询问信号进行回答，所以一个地面台只能为 110 架左右的飞机服务。

在海军的帮助下，美国在 1955 年研发出了塔康导航系统，其目的本来是为了航空母舰着舰，该系统工作在 960~1 215 兆赫兹的 L 频段，采用脉冲体制，能为距地面台 200 海里的飞机同时提供距地面台的方位和距离。它的导航台天线相对于 VOR 系统要小，因此适合于装在航空母舰上，可以提供空中的飞机相对于舰船的位置信息。塔康导航系统的测位部分采用了旋转的 9 个波瓣的天线方向图，又是脉冲体制，因此与 VOR 系统有一定的区别，测距部分与测距器完全相同。民用飞机主要采用伏尔/测距器完成空中航路导航，军用飞机则用塔康导航系统。

又由于塔康导航系统测距部分原理与测距器相同，许多地方的 VOR 系统和塔康地面台结合在一起，叫作伏塔克台，它可同时为装备有塔康机载设备的军用飞机和载有伏尔/测距器的机载设备的民用飞机服务。军用飞机由塔康导航系统获得距离、方位信号，民用飞机则由伏尔导航系统获得方位信号，由塔康导航系统获得距离信号。

4.2.2 航路无线电导航系统

1. 基本原理

无线电导航定位是通过无线电信号参量所测量到的几何参量、物理参量来确定用户的位置、方位、距离、姿态等。其中，方位、距离、姿态等导航参量可以较直接地由无线电参量（如幅度测角、时间测距、相位测姿等）测量得到，而用户的位置参量则需要较复杂的导航解算，主要有两种定位方法：通过测量的几何参量与几何位置之间的数学关系进行定位，通常称为位置线法；通过测量的物理参量（如速度、加速度等）与几何位置之间的运动学关系确定位置，称为推航定位法。

在三维空间中，导航几何参量通常都是空间坐标的标量函数 $u(x, y, z)$，代表空间的标量场，它们分别对应各种类型的曲面。无线电导航中测得的无线电参数所对应的几何参量往往为一个固定的数值，对应于标量场中的某一个等位面，称为位置面，如角位置面、距离位置面和距离差位置面等。两个位置面的交线称为位置线，一条位置线与另一条位置线或与另外的位置面相交就能得到用户的位置。

通过无线电方式测量到三个独立的几何参量，则可以得到三个独立的位置面方程，根据方程便可以解算得到运载体在空间中的三维位置。特别需要指出的是，在地球表面的运载体，在没有高度测量设备的情况下，可以将地球表面作为它的一个位置面，因此只要测量两个几何参量（或两个位置面），就可以进行较为粗略的平面二维定位。

（1）角位置面

角参量都是相对一定的基准方向而言的，如偏航角是飞机的机头方向相对于飞机与导航台的连线而言。基准方向可以是直线，也可以是平面，视具体的导航方式而定，角位置面如图 4 - 1 所示。

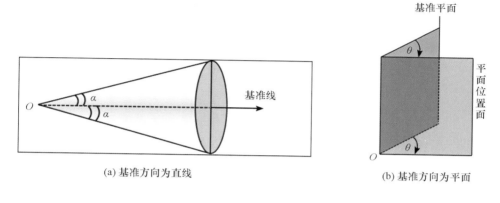

(a) 基准方向为直线

(b) 基准方向为平面

图 4 - 1　角位置面示意图

若基准方向为直线，则角位置面为圆锥面，与基准方向的夹角为 α；若基准方向为某一平面，则角位置面为平面，与基准方向的夹角为 θ。由已知的基准线和基准面可以写出角位置面上的任意点的矢量方程。

（2）距离位置面

如果测量的是导航台与用户之间的物理距离 r，则位置面为以导航台为球心的球面，用户位于球面上，其代数方程为：

$$r = \sqrt{(x_u - x_s)^2 + (y_u - y_s)^2 + (z_u - z_s)^2} \qquad (4-1)$$

其中，(x_s, y_s, z_s) 和 (x_u, y_u, z_u) 分别为导航台和用户的位置坐标。要确定用户位置，较常用的是三球交会定位原理，如图 4 - 2 所示，分别测量出用户与三个导航台之间的距离，联立方程组就可以求出用户的三维位置坐标。

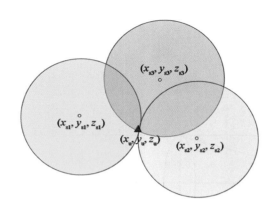

图 4 - 2　三球交会定位原理示意图

若测量的是导航台与用户之间的距离差 Δr，则位置面为双曲面，其代数方程为：

$$\Delta r = \sqrt{\left(x_{\mathrm{u}} - x_{\mathrm{s1}}\right)^2 + \left(y_{\mathrm{u}} - y_{\mathrm{s1}}\right)^2 + \left(z_{\mathrm{u}} - z_{\mathrm{s1}}\right)^2}$$
$$- \sqrt{\left(x_{\mathrm{u}} - x_{\mathrm{s2}}\right)^2 + \left(y_{\mathrm{u}} - y_{\mathrm{s2}}\right)^2 + \left(z_{\mathrm{u}} - z_{\mathrm{s2}}\right)^2} \qquad (4-2)$$

其中，$\left(x_{\mathrm{s1}}, y_{\mathrm{s1}}, z_{\mathrm{s1}}\right)$、$\left(x_{\mathrm{s2}}, y_{\mathrm{s2}}, z_{\mathrm{s2}}\right)$ 分别为第一导航台、第二导航台的位置坐标。当然若需要得到用户的三维位置坐标，还需要测量另外两个距离差，再联立方程组求解。

（3）定位解算

所谓的定位解算就是利用导航电文获得用户的实际位置、时间和速度等导航参数的过程。利用几何参量获得导航参数的方法主要有闭合形式解、迭代和最小二乘解、最优估值解（如卡尔曼滤波、神经网络、小波变换）等。

2. 伏尔导航系统

伏尔导航系统是空中导航用的甚高频全向信标简称，这种系统能使机上接收机在伏尔地面台任何方向上和信号覆盖范围内，测定相对于地面台的磁方位角。伏尔导航系统是为了克服中波和长波无线电信标传播特性不稳定、作用距离短的缺点而研制的导航系统，是甚高频（108～118 兆赫兹）视线距离导航系统。当飞机的飞行高度在 4 400 米以上时，系统稳定的作用距离可达到 200 千米以上。伏尔导航系统现已是空中交通管制程序不可或缺的一部分，是陆地上无线电近程导航和非精密进场的国际标准设备。美国现在大约有 950 个伏尔/测距器地面台，日本大约有 61 个伏尔/测距器地面台。

伏尔导航系统可应用在航路上和终端区。在航路上，它是构成航道和航道网的基准，也是仪表飞行时的必要装备。航路上使用的伏尔台的辐射功率为 200 伏，作用距离随飞行高度而变化。终端区伏尔台用于引导飞机进场，辐射功率 50 伏，作用距离 25 海里以上。终端伏尔台与仪表着陆系统中的航向信标使用相同频段，即 108 ~ 112 兆赫兹，装备仪表着陆系统的机场不再装备伏尔导航系统。

伏尔导航系统与测距器（DME）导航系统合装在一起运用极坐标导航的工作方式，既能提供方位，又能提供距离。DME 导航系统与塔康导航系统的测距部分完全相同，伏尔导航系统与塔康导航系统合装在一处，就是伏塔克导航系统。

伏尔导航系统的计算准确度为 ± 3.9°（2σ），实际准确度为 ± 4.5°（2σ）。伏尔导航系统可用于监测站监视信号状态。现代伏尔地面系统由遥测遥控站进行管理，机上设备带有视觉告警装置。

伏尔台发射信号存在多径反射干扰的缺点，对于设台场地有一定要求。多普勒伏尔导航系统对于环境要求有所降低。为了提高伏尔导航系统的准确度，可选用多瓣伏尔导航系统，即精密伏尔导航系统。现代伏尔地面系统正以固态电子器件取代电子管。

3. 测距系统

下面主要介绍两种测距系统：测距器和精密测距器。测距器又称 DME 或 DME/N，精密测距器又称 DME/P。两种测距系统在原理和组成上有极大的相似性，却是不同历史时期的产物。

测距器是在第二次世界大战中随着雷达的出现发展起来的，但没有得到广泛应用。与此同时，美国开发了塔康导航系统与民用伏尔导航系统组合工作的模式，构成伏塔克导航系统。精密测距器是国际上新开发的无线电导航系统，它是随着微波着陆系统被接纳为国际标准着陆设备而产生的。

两种测距系统有着不同的用途：测距器用作航路和终端区的导航，它可以与伏尔导航系统联合工作，组成伏尔/测距器近程导航系统，还可以与仪表着陆系统联合工作，协助它进行进场着陆引导；精密测距器专门用于与微波着陆系统联合工作，进行精密进场着陆引导。

两种测距系统，由于用途不同，信号覆盖范围（作用距离）也不相同。一般来说，航路用测距器的覆盖范围大于或等于 200 海里，终端用测距器的覆盖范围大于或等于 60 海里，精密测距器的覆盖范围仅在 22 海里以上。

两种测距系统的主要差别在系统精度。测距器的系统误差按规定不超过 ±370 米，精密测距器的系统精度比测距器的系统精度要高得多。衡量精密测距器的精度有两项指标：航道跟随误差和控制运动噪声。航道跟随误差是飞机可以跟随的误差分量；控制运动噪声是飞机来不及跟随的误差分量，当与自动驾驶仪交连时会影响飞机的姿态，引起操纵杆抖动。

4. 塔康导航系统

塔康导航系统是一种近程极坐标式无线电导航系统。它由机上发射与接收设备、显示器和地面台组成。该系统于 1952 年研制成功，作用距离为 400～500 千米，能同时测定地面台相对飞机的方位角和距离，测向原理与伏尔导航系统相似，测距原理与测距器相同，工作频段为 962～1 213 兆赫兹。

20 世纪 50 年代，塔康导航系统在美军首先装备使用，后来发展成为北大西洋公约组织各成员国的标准军用近程导航系统。

塔康导航系统由相互配合工作的机载塔康设备和地面塔康设备组成。机载塔康设备包括无线电收发信机、天线、控制和显示装置等，地面塔康设备包括无线电收发信机、天线、监测和控制装置等。系统采用询问应答方式进行测距，即由机载塔康设备随机发射询问脉冲对，经地面塔康设备接收后，再以脉冲对的形式发出应答脉冲，机载塔康设备根据发出询问脉冲至收到应答脉冲所经历的时间和无线电波的传播速度，可推算出飞机至塔康地面台的距离。系统测角是借助测量基准脉冲信号和脉冲包络信号之间的相位关系来实现的。当飞机位于塔康地面台的不同方位时，其机载塔康设备所接收到的基准脉冲信号和脉冲包络信号之间存在着不同的相位关系，借此可以确定飞机相对于塔康地面台的方位角。

塔康导航系统在 962～1 213 兆赫兹频段工作，共有 252 个波道（X 模式和 Y 模式各 126 个），其测距准确度约为 ±200 米，测角准确度可达 ±1°。覆盖范围受发射功率、接收灵敏度和超短波视线传播规律的制约，典型塔康导航系统作用距离约为 370 千米。它可以同时容纳 100 架飞机测距，测角时飞机数量不受限制。新型塔康导航系统还具有空对空（飞机对飞机）的测距和测角功能。机载塔康设备可与区域导航计算机组成塔康区域导航系统，保障飞机在塔康导航系统的覆盖范围内沿任意选定的航线飞行（可给出偏航显示，到达航路点的剩余距离和待飞时间等）。塔康导航系统采用极坐标定位体制，只需一个塔康的地面台就可为飞机定位，因此特别适合以机场或航空母舰为中心进行作战活动的战术飞机使用。利用塔康导航系统可以保障飞机沿预定航线飞向目标、机群的空中集合和会合以及在复杂气象条件下引导飞机归航和进场着陆等。

4.2.3 飞机着陆系统

1. 基本原理

飞机的着陆是整个飞行过程中的重要阶段，在白天及能见度良好的条件下，飞机的安全着陆比较容易，但在夜间或能见度低的条件下（如雾、大雨、雪、低云层），飞机的安全着陆可能非常困难。如果机上备有足够的燃料，可以改飞到附近着陆条件好的机场进行着陆，否则飞行员将冒很大的风险在恶劣的条件下着陆。对于军用飞机，要求能在任何复杂的气象条件下完成各种战斗任务和训练任务，实现全天候的飞行。因此，能不能在任何条件下引导飞机安全着陆，已经直接影响军事战斗任务的完成和民航班机的安全。

· 名词解释

– 着陆系统 –

着陆系统是使飞行员根据飞机上领航仪表的指示或地面无线电设备（如雷达、无线电定向台等）的引导，在各种复杂的气象条件下准确地操纵飞机进入跑道，保证飞机安全着陆的系统。

着陆系统应保证连续不断地给着陆飞机的飞行员指出航向平面和下滑平面，并根据二者的交线给出下滑线，同时还应为飞行员提供飞机到跑道始端的距离。

飞机着陆就是要把飞机从广阔的天空引导到窄小的跑道上来，也就是说要使飞机沿着通过跑道轴线的垂直面，以一定的倾斜角下滑，在跑道的指定点接地。因此，不论飞机着陆是否需要飞行员参与，任何一个着陆系统都应当保证飞机得到有关着陆信息——航向平面、下滑平面和飞机到跑道着陆点的距离等着陆数据。

着陆航向是指飞机在着陆过程中进入跑道的方向，正确的着陆航向是对准跑道轴线的延长线。下滑平面是指飞机在下滑时与跑道平面所成的下滑斜面，跑道平面与下滑平面所成的角度称为下滑角，下滑角的大小可以用飞机着陆下滑时的某一点高度与到着陆点的距离之比来表示。飞机到跑道着陆点的距离指当飞机进入盲目着陆时，为了保证正确的着陆航向和下滑角，飞行员需要及时调整飞机的飞行姿态，修正航向、高度以及下滑率，因而需要掌握在着陆过程中飞机到跑道着陆点的距离，以便计算着陆时间、调整速度和控制发动机的工作状态等。

世界上各个国家对飞机着陆问题的研究都非常重视。我国地域辽阔、地形复杂、一年四季复杂天气较多，因此保证飞行和着陆安全，对提高部队在复杂气象条件下的作战能力，建设现代化国防具有重要意义。

2. 仪表着陆系统

• 名词解释

– 仪表着陆系统 –

仪表着陆系统又称为仪器降落系统，是应用最为广泛的飞机精密进近和着陆引导系统。它的作用是由地面发射的两束无线电信号实现航向道和下滑道指引，建立一条由跑道指向空中的虚拟路径，飞机通过机载接收设备，确定自身与该路径的相对位置，使飞机沿正确方向飞向跑道并且平稳下降，最终实现安全着陆。

因为仪表着陆系统能在低天气标准或飞行员看不到任何目视参考的天气下引导飞机进近着陆，所以人们就把仪表着陆系统称为盲降。

仪表着陆系统是飞机进近和着陆引导的国际标准系统，它是二战后于1947 年由 ICAO 确认的国际标准着陆设备。全世界的仪表着陆系统都符合 ICAO 的技术性能要求，因此任何配备盲降的飞机在全世界任何装有盲降设备的机场都能得到统一的技术服务。

在低能见度天气飞行时，地面导航台与机载设施建立关联后，系统可由自动驾驶仪完成对准跑道及后续着陆等工作。有别于天气正常时的"目视进场"，此方式依靠仪表着陆系统引导飞机进近着陆，可理解为"不依赖眼睛"，所以称"盲降"。

仪表着陆系统的组成和原理如图 4 - 3 所示，它通常由一个 VHF 航向信标台、一个特高频（ultra high frequency，UHF）下滑信标台和几个 VHF 指点标组成。航向信标台给出与跑道中心线对准的航向面，下滑信标台给出仰角2.5° ~ 3.5°的下滑面，这两个面的交线即是仪表着陆系统给出的飞机进近着陆的准确路线。指点信标台沿进近路线提供键控校准点即距离跑道入口一定距离处的高度校验，以及距离入口的距离。当飞机从建立盲降到最后着陆阶段时，若飞机低于盲降提供的下滑线，盲降系统就会发出告警。

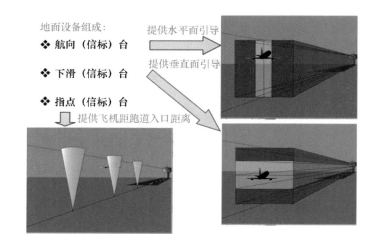

图 4 – 3 仪表着陆系统的组成和原理

3. 雷达着陆系统

雷达着陆系统是一种地面引导飞机的着陆系统。在复杂气象条件下，当飞机飞到雷达探测范围内时，着陆领航员在雷达显示器上测量飞机的航向角、下滑角和相对着陆点的距离，并且和理想下滑线比较得出偏差值，用无线电话来指挥飞行员操纵飞机沿着理想下滑线下降到离地 30 ~ 50 米，然后转入目视着陆。这种着陆也叫地面控制引进。

雷达着陆系统精度较高、抗雨雪干扰、机动性好，不需专用机载设备，可对各类型飞机实施引导，不必专门训练飞行员，所以一直受到军方的重视，自 20 世纪 40 年代开始沿用至今。雷达着陆系统的核心是着陆雷达，工作在 X 频段（9 370 兆赫兹），按天线扫描方式分为机械扫描体制、机电扫描体制和相控阵扫描体制。

雷达着陆系统主要用于复杂气象条件下保障飞机安全着陆，在通常情况下，它与机场其他着陆设备以及近程导航设备配合使用，共同完成保障飞机安全着陆的任务。

（1）与机场监视雷达配合工作

当着陆雷达配有机场监视雷达时，飞机进场着陆的引导过程是：根据监视雷达和自动定向台的混合显示器的指示，识别进场着陆的飞机，并根据监视雷达平面位置显示器的目标回波指示，引导飞机直接进入着陆航线或着陆雷达作用区。飞机进入着陆雷达的作用区后，将在它的显示器上出现目标回波，根据下滑、航向画面上的飞机回波，将飞机引导到规定高度或看到跑道，然后转入目视着陆。

（2）与米波仪表着陆设备配合工作

当机场配有米波仪表着陆设备时，飞行员以机上仪表指示为主，用米波仪表着陆设备引导飞机进场着陆。此时，着陆雷达视为监视设备，监视飞机按仪表进入下滑着陆的情况。当米波仪表设备发生故障和误差很大不能保证工作时，着陆雷达应当立即接替引导任务。通常，重型轰炸机机场和保障专机飞行的运输机机场，都应有雷达引导和仪表着陆的双重着陆设备保障，以确保飞机着陆安全。

（3）与近程导航设备配合工作

如果机场只配有近程导航设备（如中波导航台和近程测向测距导航台），着陆雷达就将独立地保障飞机着陆。这时飞行员先利用机场近程导航设备引导飞机进场，通过导航台后进入着陆航线，飞入着陆雷达有效作用区，然后用着陆雷达引导飞机下滑，直到看到跑道后转入目视着陆。

今后，随着机场逐步装备近程测向测距导航设备，保障歼击机、强击机着陆的机场可用上述方法，逐步用着陆雷达取代双信标导航台着陆设备，减少机场导航台的数量。战时开设的临时野战机场，将逐步采取这种方法。

4. 微波着陆系统

微波着陆系统从 20 世纪 70 年代开始发展，工作在 C 波段。最早由澳大利亚向 ICAO 建议，发展一种新的着陆系统代替已经使用多年的仪表着陆系统。到了 20 世纪 80 年代，美国和欧洲开始研发微波着陆系统，它可以实行曲线进近。然而，由于机载设备改装的费用问题，再加上 GPS 的发展和影响，1992 年，美国联邦航空管理局宣布不再发展微波着陆系统，而是使用 GPS，即发展星基着陆系统。ICAO 曾经在 20 世纪 80 年代制定微波着陆系统的技术规范，并要求各成员国在 1994 年前完成仪表着陆系统到微波着陆系统的过渡。实际上，微波着陆系统并没有真正大规模在民航应用（可能是仪表着陆系统还能应付当前状况，且逐渐发展的星基着陆系统更廉价、性能更优越），于是，ICAO 在 1994 年宣布不再要求完成仪表着陆系统到微波着陆系统的过渡，而是继续使用仪表着陆系统，在之后这些年，微波着陆系统几乎完全没有得到发展和应用。20 世纪 80 年代微波着陆系统的主要制造商是美国雷神公司和澳大利亚Inter Scan公司（现已被西班牙 Indra 公司收购），目前这两家公司均已没有民用的微波着陆系统的产品，在市场上民用微波着陆系统的货架产品似乎只有 Thales 一家。

微波着陆系统是一种全天候精密进场着陆系统，依时间基准波扫描原理工作，飞机相对于跑道的位置信息由空中导出，这一点与仪表着陆系统完全相同。所谓空中导出数据系统，就是指飞机的引导信息是通过机载接收机接收并处理获得的。在这种系统中，地面设备在其覆盖区内播发时间基准波束扫描的空中信号，在覆盖区内任何一架装有机载设备的飞机，都能收到引导信息以便确定该机的角位置，微波着陆系统播发的空中信号采用时分多路传输的信号格式，角引导信息和各种数据信息都在同一频率上播发，不同功能的信号占有自己的播发时间，以时间分割的方式按顺序向空中播发。时间基准波束扫描技术的原理，简单来说，是由微波着陆系统地面设备向空中辐射一个很窄的扇形波束，在相应覆盖区内往返扫描，如图 4 - 4 所示，对方位而言是在水平方向上左右往返扫描，对仰角而言是在垂直方向上上下往返扫描，

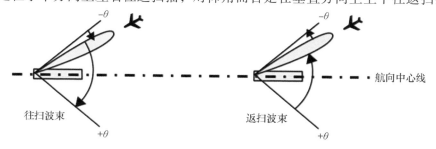

图 4 - 4　微波着陆系统测角原理

机载接收机收到往返两次扫描的脉冲信号，通过测量往返脉冲时间间隔而获得飞机在空中的角位置。

4.3 航海无线电导航系统

4.3.1 概述

1. 航海无线电导航发展过程

第二次世界大战期间，从海用导航方面看，主要发明了罗兰－A 系统。罗兰系统属于远程无线电导航系统，罗兰（LORAN）就是英文"远程导航"（long range navigation）词头缩写的音译，罗兰－A 系统使用的是脉冲信号，脉冲信号频率大约 2 兆赫兹，作用范围 400 海里。首先，船载接收机接收来自布设在海岸上的一系列岸台中的两个信号，测算出这些信号到达时间的差值，再乘以电波传播速度，换算为距两个台的距离的差值，利用这个差值，可以知道船只落在以两个发射台为焦点的地球表面上的一条双曲线上。然后，再利用来自另一组台链的信号的时间差值，又可以知道船只处于地球表面上的另一条双曲线上。船只所在的位置便是这两条双曲线的交点。

相对于海用无线电标准，罗兰－A 系统使用的是脉冲体制，与连续波相比是一个很大的进步，它能连续准确地给出船位，因此作为重要的海用导航系统一直应用到 20 世纪 80 年代才最终完全被罗兰－C 系统取代。

作为另一种脉冲双曲线系统，罗兰－C 系统是 20 世纪 50 年代末期研制成功的一种航海无线电导航系统，由美国海岸警卫队研制建设，于 1957 年建成了世界上第一个罗兰－C 台链。它的工作原理与罗兰－A 系统相似，其脉冲频率为 100 千赫兹左右，作用距离达到 1 000 海里。与罗兰－A 系统最大的区别在于它利用了脉冲包络以及脉冲载波频率的相位来进行距离测量，实现了各台站之间的时间同步，消除了用户接收机的测量时间差，因此该系统的定位精度得到大大提高。当信号与噪声的比达到1:3时，定位可以达到460米的精度，重复精度为18～90米，罗兰－C系统还可以传送授时信号，可以达到微秒级的精度，定位数据更新率为每分钟10～20次。

第二次世界大战以来，广泛应用在欧洲及世界其他一些区域的双曲线系统是台卡系统。其导航台链由英国灯塔管理当局运行，不同于罗兰－C系统，其发射的信号是连续波，频率是70～129千赫兹，台卡系统的主要作用是船只导航，从定位精度和覆盖范围看，台卡系统均不如罗兰－C系统，随着罗兰－C系统的建成，台卡系统的用户数量不断减少。

另一种双曲线定位系统是美国在20世纪50年代中期开始研制的一种导航系统，叫作奥米伽系统。当时所有的无线电导航系统都达不到全球覆盖的目的，奥米伽系统的出现让无线电导航系统全球覆盖成为可能。其工作频率为10～14千赫兹，使用的是连续波信号，分布在全世界的8个导航台产生全球导航信号覆盖。它的工作频率比较低，所以电波能够传入水中10米以下，其最初的主要目的是为了校准潜艇的惯性导航系统，鉴于奥米伽系统的优良性能，那些收不到其他无线电导航系统信号的地区也可以使用奥米伽系统，使得奥米伽系统在边远地区进行飞行作业和越洋飞行的民用和军用飞机上得到了更多的应用，甚至多于在校准潜艇上的运用。奥米伽系统虽然做到了全球信号的覆盖，但由于电磁波的传播受各种因素的影响，其中包括电磁反常、太阳活动的影响，定位精度通常只能达到2～4海里，还具有多值性、用户端设备昂贵、数据的更新率低等不足，所以在GPS系统逐渐成熟后，奥米伽系统于1997年关闭。

2. 罗兰系统的发展

美国的GPS发展已经有几十年的时间，在民用及军用中也已经较为成熟，人们在充分肯定GPS的优点，研究如何进一步完善的同时，对它存在的缺点也进行了充分的讨论，例如，2000年11月在华盛顿举行的国际罗兰协会年会和2001年1月在美国加利福尼亚州Long beach举行的导航协会国家安全技术会议上，都有许多学者分析了GPS的风险。事实上，GPS的风险问题早在

1997 年 10 月美国关于国家危险基础设施防护问题的总统命令报告中就已经被确认。其主要理由如下：

地面监控系统庞大，包括一个主控站、三个注入站和五个监测站，其位置除美国本土外，还遍及世界各地的军事基地，一旦其中某个设施被摧毁，将危及整个 GPS 系统；反卫星、激光和粒子束武器的发展使卫星受到威胁；信号非常微弱，超视距军用雷达、商用甚高频无线电和广播电视等都构成了潜在的具有威胁的干扰，而最具有威胁的还是人为干扰，一个频带内的小功率噪声电平就能够中断几十千米甚至几百千米范围内的接收器的正常工作。

针对 GPS 的风险，美国决定更新并继续发展罗兰系统，作为 GPS 的备份，美国国会为美国所有的罗兰设备的更新提供了资金，并于 1997 年开始执行庞大的"重整"计划，该计划是由美国海岸警卫队按照海岸警卫队以及联邦航空管理部门的内部协议执行的，旨在使美国的罗兰系统实现现代化，满足目前和未来的无线电导航需求，继续作为涉及国家安全和国民经济发展的重大基础设施。

3. 双曲线定位原理

位置线是指从地球表面到两个发射台具有恒定测地距离差的曲线。图 4-5 是双曲线位置线形成的原理图，图中以两个发射台为圆心画出两组等距离的同心圆，在每个圆周上，从圆心（发射台）来的信号到达时间是相同的，连

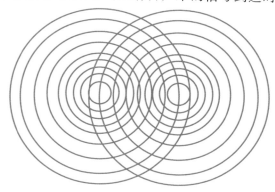

图 4-5　双曲线位置线形成原理图

接两组具有相同距离差的同心圆的交点，可以画出一族双曲线位置线。

如图4-6所示，根据几何原理，到两个固定点（主台 M，副台 X）的距离的差值为常数的观测点（P）的轨迹是以定点 M 和定点 X 为焦点的一条双曲线。不同的距离差，对应不同的位置线，形成双曲线位置线族。由于无线电波以恒定的速度传播，传播距离与时间是成正比的，所以位置线既是距离差位置线，也是时间差位置线。如果在一个观测点测得了距离两个固定点的时间差，就可确定一条以这两个固定点为焦点的双曲线，为了达到定位的目的，需要获得另外一条位置线（如以主台 M、副台 Y 为焦点），两条位置线的交点便可确定观测者的位置。

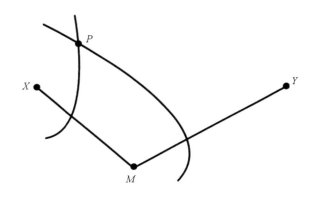

图4-6　位置线定位示意图

位置线一般都用主、副台时间差值来标示，早期罗兰-C系统备有专门的导航图，即同时印有经纬度和罗兰时差位置线族的地图，用该图可以方便地找到确定时间差值的位置线，并直接在导航图上把定位点的时间差坐标转换为地理坐标。现代罗兰-C接收机均采用微处理器自动完成这种由时间差坐标转换为地理坐标的坐标转换。因此，罗兰-C系统最终提供给用户的主要信息是定位点的地理坐标。

4.3.2　美国罗兰-C系统

美国罗兰-C系统是一种低频率、脉冲相位远程双曲线无线电导航系统。

如前面所述，罗兰－C 系统由美国军队研制开发并由美国海岸警卫队负责管理控制，从 1957 年开始逐步在全球的各个地方建立台链，覆盖了美国本土、绝大部分太平洋以及大西洋北部等重要地域，建立起多达 49 个基本台链。直至 20 世纪 90 年代末，绝大多数的船舶都在使用罗兰－C 系统进行导航。由于采用 100 千赫兹低频频率，因此无论在海洋或者陆地上，其作用范围都很广，白天对海上船舶作用距离可以达到 1 200 多海里，基线长度为 600～800 海里。应用卫星导航系统后，尽管罗兰－C 系统不再是最为核心的导航系统，但对罗兰－C 系统的研究仍然具有较高的价值。

1. 罗兰－C 系统的主要特点

罗兰－C 系统是陆基无线电导航系统的典型，具有设台灵活方便、定位精度高、作用距离远的优点，并且系统投入也较少，目前仍然在为海、陆、空等提供区域性的全天候、高精度的授时、导航和定位服务。罗兰－C 系统兼顾了相位和脉冲两种体制的优越性能，具有以下主要特点。

作用距离远：由于系统的中心工作频率是 100 千赫兹，在无线电的低频段的中部，而地波具有传播稳定、衰减小等特性，再通过一些附加技术，可使地波作用的距离在白天达到 1 200 海里，在夜间达到 1 000 海里。

导航定位精度高：一般采用 100 千赫兹载波相位测量、相位编码、自由同步方式、相关检测等技术，可以使得定位的精度小于 0.25 海里，测量的均方误差小于 0.4 毫秒。

无多值：利用主、副台信号发射的时间分割和相位编码识别主、副台。主要原理是靠测量脉冲时差来消除多值性，并且采用了相关检测技术和相位编码等技术消除双值性，使消除多值性变得更加的可靠。

抗干扰性强：采用多脉冲相位和脉冲一体制，提高了辐射功率值和信号的利用率，具有降低信号和噪声比的性能。用户设备采用相关接收，大大提高了抗天波、抗连续波干扰和交叉干扰的能力。

可靠性高：采用各种技术使得系统的可靠性大大提高，信号的系统利用率可达到 99.7%，单台利用率可达到 99.9%。

价格便宜：无论是岸台建设还是用户设备的生产，比绝大部分其他导航设备都要便宜。

用途广：罗兰－C 系统可以实现军民两用，并且在全世界的范围内均可以使用，不受海陆空的限制，也不受时间、气候的约束，操作简单，功能全面，隐蔽性好，深受广大用户的喜爱。

2. 罗兰－C 导航系统设置

台链是由基线连接在一起的若干台对组成，若干台链作用在一起组成一定的工作区，台链中各台对的工作频率和信号重复周期常常具有一定的联系或者某种关系，在每个台链中，每个副台均可和主台形成一个台对，其中一个台链由一个主台和 2~4 个副台组成。导航用户通过测量台对信号到达的时间差形成一条可获得当前用户位置的双曲线，而在一个台链的作用区内，可同时测量到 2~3 根位置线，通过这 2~3 根位置线的交点来确定导航用户的具体位置。

主台一般用英文字母 M 标志，而第一、二、三和四副台分别用 W、X、Y 和 Z 标示，主、副台的具体配置形式取决于工作定位的要求和覆盖的范围，每一台对的基线长度为 500~1 200 海里。

对于一个台链来说，每个台均采用时间分割的方式发射，也就是说在一个发射周期内，主台先发射，然后副台依次发射。不同的台链采用频率的分割方式，一个台链中，为了保证系统具有稳定的双曲线格网，所有副台在发射时间上必须和主台严格同步，这样就需要监控站负责协调，并配以精确的原子频率标度来保持。同一台链内的各个发射台载波频率和脉冲重复频率是一致的，因而转换台对时无须手动选台。各个台链发射信号的脉冲重复的频率是不相同的，这样在识别台链的时候可以通过不同的重复频率来进行区分。

3. 罗兰－C 系统的基本定位原理

罗兰－C 导航仪接收主台和副台的脉冲组信号，并精确测量它们到达本机的脉冲的时间差和载波频率的相位差，每一个时间差都对应着一条双曲线的位置线，导航仪只要测出主台和两个副台之间的时间差就可以换算得到两条位置线，它们在罗兰 – C 系统的海图上的交点就是导航船舶的定位点，或者在自动导航仪上将时间差换算成经纬度，直接显示出船舶的具体位置。接下来讨论定位过程的几个重要问题：

（1）消除位置线的双值性

罗兰 – C 系统的主台 M 和副台 S 构成了一个台对，在台对的覆盖范围之内的任意一个接收点 P，都可以测得台对信号的传播时间差，P 显然位于以 M 和 S 为焦点的双曲线上，以此可以获取船位线。如果又测得该罗兰 – C 系统台链的另一台对的船位线，那么这两条船位线的交点就是导航仪的具体位置。然而满足要求的交点有两个，一般采用基线延时消除双曲线定位的双值性，其中基线延时是副台接收主台脉冲信号的时间。

（2）罗兰 – C 系统信号采样点的选择以及天波干扰抑制

罗兰 – C 系统的导航仪收到的信号为天波和地波的混合信号，因此天波对于有用的地波形成了干扰。天波对地波的干扰有以下两种情况：第一种情况是前序脉冲的多次反射天波对后续脉冲地波的干扰，第二种情况是同一脉冲的天波对地波形成的干扰。其中，选择 30 微秒采样点可以消除同一脉冲天波对地波的干扰，而罗兰 – C 系统采用多脉冲相位编码技术可以消除前序脉冲的多次反射天波对后续脉冲地波的干扰。

（3）罗兰 – C 系统时差测量方法

罗兰 – C 系统的导航仪通过重合脉冲包络粗测时差可以得到时差值的前 4 位数值，即十位数以上的数值，而比较载波相位精测时差，可以得到时差值的个位以及小数点后的数值。

4. 罗兰 – C 系统的定位精度

罗兰 – C 系统定位精度主要取决于测定时差的误差和船只与罗兰 – C 系统基线的相对位置。

测定时差的误差主要包括主、副台同步误差，天波改正误差，包周差，地波传播误差，罗兰 – C 系统的海图计算与作图误差，位置线交角的误差等。

同步误差指罗兰－C系统的主、副台信号的发射在时间上应该保持严格的逻辑对应的关系，然而事实并非如此，主、副台之间并不能够完美同步，其微小的误差引起的测量误差称为同步误差。

罗兰－C系统的信号在传播的过程中会发生变形，形成包周差。该误差的大小和罗兰－C系统导航仪的性能有关，也与传播介质的导电率、介电常数的性质的变化有关。

地波传播误差主要来自附加二次相位修正误差。天波传播路径与地波完全不同，因此会引起较大的定位误差。罗兰－C系统的信号地波衰减较大，而经过电离层反射的天波信号衰减较小，造成天波的信号强于地波，因此，罗兰－C系统导航仪可能自动接收天波信号定位。

罗兰－C系统的海图计算与作图误差，是罗兰－C海图在使用过程中受到了比例尺的限制所产生的误差，而使用罗兰－C表时采用内插修正值保证其精度，计算产生的误差小于使用罗兰－C海图。因此在实际使用中，应尽量使用罗兰－C表来定位。

位置线交角的误差，一般而言为了减少定位误差，2条位置线的交角接近90°，3条位置线的交角以两两之间120°最佳，因此罗兰－C系统定位的精度取决于罗兰－C系统位置线之间的夹角。

船舶相对基线位置引入的误差，一般而言在基线延伸线上引起的误差最大，而在基线上引起的误差相对而言是最小的。罗兰－C系统双曲线位置线随着离基线的距离越远而逐渐地发散，等间隔的位置线在基线的延伸线附近的距离最大，在基线上的距离间隔最小，而在基线延伸线上是无法去掉船位的。

5. 提高罗兰－C系统定位的精度

尽量用地波信号定位，避免用天、地波重合的方法测量时差，若仅能接收一台的地波信号，应改用两个台均为天波测量时差。2条罗兰－C船位线交角以接近90°为最佳，不要小于30°或大于150°；3条罗兰－C船位线的交角互相成120°最佳。尽量使用罗兰－C表定位，若用罗兰－C海图定位，则应将罗兰－C海图上标注的船位移至航用海图。利用天波定位应进行天波改正，应避开在日出、日落前后这段时间利用天波进行定位，选择罗兰－C系统时注意信号传播路径应为全白天或者全夜间。应尽量缩短测量罗兰－C台时差的时间间隔。尽量选择基线靠近推算船位的罗兰－C台，不要选择靠近基线延长线的台。罗兰－C系统导航仪通常根据信号和噪声比的高低自动选择台链和副台，但驾驶员不应该只被动地接收，而应根据航行海域具体情况进行具体分析，必要时可采用手动选台定位。在测定前应检查确定罗兰－C系统导航仪工作状态是否良好。在任何时候都不应该只使用单一的定位手段，不同的船舶定位系统各有好坏，应采用多种定位方法定位，相互取长补短。

4.3.3 增强罗兰系统

增强罗兰系统即 Enhanced Loran 系统，简称为 eLoran 系统，是罗兰－C系统的增强版本。它的出现主要基于两个原因：第一是全球卫星导航系统的脆弱性，在使用全球卫星导航系统时，罗兰－C系统易受各种干扰而导致定位信息不可靠或不能用，第二是罗兰－C系统和全球卫星导航系统在工作体制（陆基、星基）以及工作频率（低频、特高频）乃至信号强度（强信号、弱信号）等各方面完全不同，互补性很强，在遭受某种形式的干扰或打击时一般不会同时受损，因此罗兰－C系统理论上完全可以成为全球卫星导航系统的增强和备份系统。

但是罗兰－C系统自身的精度、可用性、完好性和连续性需要进一步提高才能作为全球卫星导航系统的备份，所以 eLoran 应运而生。2007年1月12日，国际罗兰协会公布了《增强罗兰定义文件》，该文件是国际罗兰协会为 eLoran 制定的顶层标准文件，为 eLoran 的政策制定方、服务商和终端用户提供顶层的 eLoran 标准。文件中涉及 eLoran 系统、信号和接收机三个层面，重点阐述了 eLoran 在航空导航、航海导航、陆地导航领域，以及高精度时间频率方面的应用，并涉及以定位为基础拓展的其他应用。

如图4－7所示，eLoran 系统由运控部分、发射系统、差分站和用户部分（各类用户设备）组成。其中运控部分的主要任务是监测各个发射站和差分站

的时间，并使时间保持同步；发射系统包括时频分系统、发射机分系统和发
射天线分系统，主要任务是发射大功率低频信号；差分站是已知精确地理坐
标的监测台，该台的实测时差经统计处理后与理论时差做比较，得出的差值
即作为差分修正信息播发给用户；用户部分是实现和完成系统功能的最终设
备，已面世的有海用接收机、空用接收机以及陆上车载接收机等，主要负责
接收测量信号，获得差分信息并修正自身的时差测量值，以得到高精度的定
位授时结果。

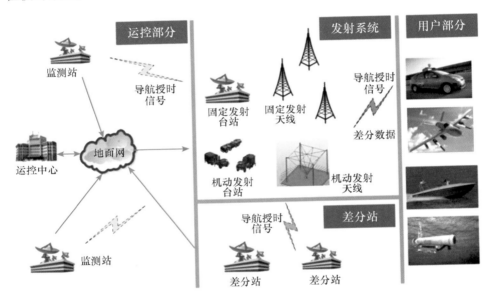

图 4 - 7　eLoran 系统组成

　　eLoran 系统在满足传统罗兰 – C 系统可用性能的基础上，进一步提高了
精度、可用性、完好性和连续性性能，在航空非精密仪表进近、海上船只进
港和靠港、陆上车辆导航和定位服务方面为全球卫星导航系统提供了备份能
力，同时具备提供满足电信等领域要求的高精度时间频率服务的能力。eLoran
系统性能的提高除得益于对罗兰 – C 发射系统、监测系统的现代化改造以及
现代罗兰 – C 系统接收机技术的发展以外，还得益于 eLoran 系统增加的数据
通道，因而可以满足飞机非精密进近和船舶港口进近等较为苛刻的要求，其

性能满足需求指标情况如表 4－1 所示。

表 4－1　eLoran 系统的性能满足需求表

需求指标	罗兰－C 系统	eLoran
航空：航线飞行阶段（RNP 2.0－1.0）	满足要求	满足要求
航空：终端飞行阶段（RNP 0.3）	不满足	满足要求
航空：非精密进近（RNP 0.3）	不满足	满足要求
航海：海洋航行	满足要求	满足要求
航海：海岸汇流区	满足要求	满足要求
航海：港口进近	不满足	满足要求
时频：stratum 1 frequency	满足要求	满足要求
时频：time of day/leap second/UTCreference	不满足	满足要求
时频：precise time［＜50 ns UTC（USNO）］	不满足	满足要求

eLoran 系统相比全球卫星导航系统，具有接收信号功率高、不易被干扰、在水下和室内仍然可以工作、具有通信功能等优点，如表 4－2 所示。因此 eLoran 系统除了能用在全球卫星导航系统的应用领域外，在全球卫星导航系统所无法使用的场合也能应用。如 eLoran 系统信号波长可达 3 千米，能够跨越绝大多数高山和峡谷，配合机动 eLoran 系统，可用于高原、边境、峡谷作战；具备一定的对地、对海穿透性，能为地下、海下、楼宇作战环境提供可用的导航授时信号。

表 4－2　eLoran 的特点

特点	具体表现
发射功率高	陆基远程台发射的峰值功率大于 2 兆瓦，卫星导航的卫星信号发射功率数十瓦
接收信号强	在用户端接收到的陆基远程导航信号强度是卫星导航的 130 万倍
干扰难	卫星导航十几瓦功率可以干扰 100 千米，陆基远程导航兆瓦功率难以快速产生有效干扰

（续表）

特点	具体表现
水下导航	陆基远程导航低频信号具有数米到数十米的入海水能力，可以用于水下导航
陆地遮蔽环境	陆基远程导航可以在室内、坑道和森林等陆地遮蔽环境下可靠工作
最低限度通信	陆基远程导航具备最低限度通信短报文播发能力，通信速率 10～100 比特/秒
抗毁性	（1）抗打击能力——陆基远程发射台一般位于国土范围内； （2）快速维修能力——陆基远程发射台站一般有人员驻守，有战储备件

除此以外，eLoran 系统采用低频载波的脉冲发射，地波信号相位十分稳定。对于已知物理特性的传播路径，能够以比较高的精度预告信号的传播时延。而 eLoran 发射台的时间频率基准又使用了高稳定度和高准确度的铯束原子频标，具有很强的授时能力。在此基础上，如果使 eLoran 发射台的信号发射时间与国际或国家的标准时间建立同步关系，那么，在已知地理位置的用户就可以借助接收 eLoran 信号获取精确的时间信息。

eLoran 系统作为一种远程无线电导航系统，它的主要应用是海上舰船的导航定位，但在航空导航方面，也可发挥重要的作用。eLoran 系统航空应用大体可以分为航线导航、非精密进近、飞行跟踪等方面，由于罗兰系统的信号很难被干扰和欺骗，通过 eLoran 系统数据通道还可以进行短信息广播。

4.3.4 "长河二号"导航系统

"长河二号"导航系统由台链控制中心、地面发射台、工作区监控站和用户设备等几个部分组成。它能够提供航向、航速、经度、纬度、标准时间等多种导航参数信息，它的主要任务是在各种气象条件下为舰载、车辆和飞机等提供无线电导航保障，配合完成诸如海洋调查、海洋测量、海底电缆铺设、武器投射、扫布雷、侦察、巡逻、反潜以及授时等任务，满足海陆空军民各个方面的应用。

1. "长河二号"导航系统的组成

"长河二号"导航系统由用户接收设备、地面监控站和地面发射台组成，其中用户接收设备的任务是接收导航信号并提取导航信息，获取所需要的实时导航定位参数，确保用户能够获得需要的信息。地面监控站用来测定主、副台信号时差，检测同步情况，并协助地面发射台保持同步发射，及时修正同步偏差到允许范围之内。地面发射台的任务是按照规定的频率、信号格式和脉冲波形持续地发射大功率无线导航信号，并严格保持同一台组中各个发射台发射信号的时间关系，也就是说实现时间的同步。地面发射台分主台和副台两种，主台提供整个台组的时间、频率基准，并监视、控制主、副台的同步；而副台则始终跟踪主台信号的频率和相位，并保持一定的时间延时发射自己的信号。

2. "长河二号"导航系统的原理

由两个发射台发射出来的导航信号的伪时差求得运载体离两个发射台之间的距离差，从而获取一条双曲线的位置线。同理，从另一对发射台的发射信号可以获得另一条双曲线的位置线。依据两对发射台信号的伪时差测量，可以得到两条相交的双曲线位置线，从而实现对运载体的定位。

3. "长河二号"导航系统的主要特点

"长河二号"导航系统的作用距离远，导航精度高。"长河二号"系统的地波作用距离在白天海上可以达到 1 200 海里，夜间达到 1 000 海里，陆地的作用距离比海上小，为 200 ~ 300 海里，天波作用距离达到 2 000 ~ 2 300 海里。导航精度在观测均方误差上小于 0.4 毫秒，在定位精度上，近区（在一个波长范围内的区域）可达到小于 0.25 海里的精度，重复定位的精度可达 19 ~ 90 米；远区（在一个波长范围外的区域）定位精度小于 1.2 海里。

"长河二号"导航系统需要配组联网，严格时间同步。"长河二号"导航系统拥有严格的整体性与相关性，三个导航台、一个监控站组成一个台组。各台、站通过时间上的严格同步获取精确的定位位置，每一个台组均为一个整体，倘若一个台停止发射信号，那么另外两个台将会失去作用，同时这个台组就不能起到定位导航的作用了。一旦超过系统允许的最小时间偏差，就会产生很大的定位偏差，因此台间的时间基准必须严格同步，在时间误差较大情况下，台组会完全失去作用。

"长河二号"导航系统需要连续不间歇地工作。由于"长河二号"导航系统的用户数没有上限，且覆盖面积大、定位精度高、作用距离远、国际通用性强，为了保障国内各个用户的导航需求，确保众多船舶、飞机的安全，同时最大限度地发挥该系统的经济效益，要求"长河二号"导航系统每天连续有效的工作时间为 23 个小时以上。

"长河二号"导航系统的设备复杂，对系统管理及设备的要求高。"长河二号"导航系统是一个高技术、高密度的系统，它涉及的技术领域十分广，跨度十分大，因此系统设备的种类多，每个导航台由控制、数据处理、通信、空调、消防、发射、时频、供水电等几个模块构成，并且各个部分有自己的备用电站，为了保证导航系统长期可靠地工作，各个分系统必须保证连续可靠地工作才能确保导航系统不出误差。

"长河二号"导航系统台站高度分散，位置偏僻。为了少占用耕地，减少电磁干扰，满足系统的战术指标要求，各个台站都分布在人烟稀少的山区，属于经济文化落后、生活条件艰苦以及交通不便的地方，这给系统的维护和管理带来许多不方便之处。

"长河二号"导航系统综合效益显著，发展潜力大。系统在现有的基础上可以发展差分技术，满足扫雷、钻井平台与武器试验精确定位的需要，还可以研制专业的接收机以满足多种用户的使用需求。

4. "长河二号"导航系统台链的组成

"长河二号"导航系统由 6 个地面发射台、3 个系统工作区监控站和 3 个台链控制中心构成 3 个台链，台站分布在吉林、山东、上海、安徽、广西和广东六个省（区、市）。每个台链目前仅包括 2 个发射台，3 个台链相互作用，其中有 3 个双工台。每一个台链包括一个主台、两个副台、一个监控站和一个台链控制中心。为了便于管理，台链控制中心与主台一般设定在一起。台、站和台链控制中心之间用无线或有线进行信息的传递。

5. "长河二号"导航系统信号的格式

为了提高发射信号的平均功率，以便于消除噪声等干扰并增加作用距离，"长河二号"导航系统中各导航台均以脉冲群的格式发射信号。主台发射 9 个脉冲为一群，而所有副台则发射 8 个脉冲为一群。副台 8 脉冲的时间间隔为 1 000 毫秒，主台的 9 脉冲的时间间隔为 2 000 毫秒，用于视觉识别主、副台，为用户提供闪烁警告。

6. 脉冲群的相位编码

一个完整的罗兰 – C 系统编码周期由两个重复的周期构成。脉冲群中各脉冲载波的起始相位按照一定的规律变化，称为脉冲的相位编码。主台的编码和副台的编码不同，接收机以此作为识别主、副台的标记。

7. "长河二号"导航系统的发展趋势

"长河二号"导航系统是我国海上无线电导航系统，并可扩展为我国陆上的导航系统，该系统将是我国未来重要的导航手段之一。

"长河二号"导航系统可以基本满足我国海、空和其他部门对海上导航的需求，同时可以实现对我国领海和中、远海海区的导航控制，具有显著的军事和经济价值。

"长河二号"导航系统可综合实现导航与授时，若将现有的"长河二号"导航系统与北斗卫星导航系统一起，可构成陆基与星基互为补充、互为备份、互为增强的自主综合导航、授时保障体系。

利用"长河二号"导航系统增强卫星导航技术是一种提高卫星导航系统完善性和可靠性的有效手段，具有广阔的应用前景。在北斗卫星导航系统中可以采用"长河二号"导航系统增强技术，将"长河二号"导航台进行改造，作为北斗卫星导航系统的地面伪卫星，弥补系统卫星不足，可以增强北斗卫星导航系统的功能和性能。

• 扩展阅读

– 航空母舰着舰引导系统 –

航空母舰是以舰载机为主要作战武器的大型水面战斗平台，是一个国家综合国力的重要象征。舰载机着舰是整个飞行阶段最危险的环节，因为舰载机没有飞行航迹可循，要通过航母发送的信息来判断自身位置和飞行路线；航母上的跑道距离有限，舰载机必须精确对准甲板，依靠尾勾才能进行着舰。舰载机飞行员因而被称为"刀尖上的舞者"。为了保证舰载机安全、正确着陆，航母均配备有为舰载机提供着舰服务的着舰引导系统。

航母着舰引导系统根据舰载机距离航母的远近，主要由联合精确进近着舰系统（joint precision approach and landing system，JPALS）、光电着舰引导系统、雷达着舰引导系统和光学助降系统等组成。

其中 JPALS 利用高精度差分 GPS 技术，实现远、近距离的着舰引导：当舰载机与母舰间的距离小于 370 千米时，JPALS 对舰载机进行空中交通管制；当舰载机与母舰间的距离小于 37 千米时，JPALS 为舰载机提供进场与着舰服务。

光电着舰引导系统主要使用高分辨率电视、红外热成像仪和激光跟踪器等设备，完成舰载机着舰时相对于舰面的偏差数据测量。

当舰载机距离航母约 100 千米时，雷达着舰引导系统将引导其着舰。雷达着舰引导系统由多部功能互补的雷达或者高集成度的双波段雷达组成，如美国尼米兹级核动力航母在引导舰载机着舰过程中动用了 6 部雷达，频率涵盖了 E、F、Ku、Ka 波段。美国福特级航母上的着舰引导系统，采用有源相控阵天线，由 S 波段广域搜索雷达和 X 波段多功能雷达组成。

当舰载机距离航母小于 10 千米时，光学助降系统开始工作。光学助降系统由远、近程助降系统，手动视觉着舰引导系统，甲板灯光系统等组成。当舰载机距离航母 4 ~ 10 千米时，远程助降系统通过闪烁红、橙、绿三色激光引导着舰；当舰载机距航母 4 千米以内时，近程助降系统利用改进型菲涅耳透镜光学助降系统（图 4 - 8）引导着舰；在上述远、近程助降系统失效时，手动视觉着舰引导系统作为应急性光学助降引导装置，在甲板灯光系统辅助下进行着舰。

图 4 - 8　菲涅耳透镜光学助降系统

第5章
卫星导航系统

如果说我所见的比前人更远一点的话，那是因为我站在巨人的肩膀上。

——牛顿

随着科学技术的发展，人们从利用自然天体定位，逐步转换到通过发射人造地球卫星来进行定位。

• 名词解释

– 卫星导航 –

卫星导航，就是将人造导航卫星的位置作为已知点，利用接收到的导航卫星发送的导航信号实时进行位置、速度以及时间等物理量的测量。

当前国际上四大全球卫星导航系统分别是美国的"全球定位系统（GPS）"、俄罗斯的"全球导航卫星系统（global navigation satellite system, GLONASS）"、欧盟的"伽利略卫星导航系统（Galileo）"和我国的"北斗卫星导航系统（beidou navigation satellite system，BDS）"。

5.1　卫星导航系统概述

5.1.1　发展历程

第一颗人造地球卫星于 1957 年 10 月 4 日在苏联发射成功，标志着人类开始利用人造卫星来进行导航。而美国对卫星导航定位系统的研究始于 1958 年，也就是第一颗人造地球卫星入轨运行的次年，美国海军开发了基于多普勒频移的海军导航卫星系统，并于 1960 年 4 月成功发射了该系统的第一颗卫星，这个系统一共由 7 颗运行轨道过地极的卫星组成，也称为子午仪卫星导航系统，它是世界上研制最早并试验成功的卫星导航系统，由美国海军和约翰斯·霍普金斯大学应用物理实验室共同研制。1964 年 1 月该系统正式投入使用，1967 年 7 月美国政府宣布该系统兼顾民用。子午仪卫星导航系统能在全球范围内提供二维（经度、纬度）定位，精度为 0.1~0.3 海里，但是每一次定位都需要 30~110 分钟才能完成，这导致其只能适用于运行速度低且只在海面上运行，仅需要二维位置信息的船舶导航。但对于飞机、火箭等高动态且需要三维位置（经度、纬度、高度）信息的用户，子午仪卫星导航系统就不适用了。

1973 年美国开始了导航星系统的研制，也称全球定位系统，相比子午仪卫星导航系统，它具有更高的定位精度，且能连续提供三维位置、速度、时间信息，实现全球全天候连续实时导航定位。GPS 系统的研制分为三个阶段，第一阶段（1973—1978 年）是方案论证阶段，第二阶段（1979—1985 年）是工程研制和系统试验阶段，第三阶段为实用组网阶段（1986—1993 年）。1993 年 12 月系统达到初始运行能力，1995 年 4 月系统达到全运行能力。该系统建成运行后，成为美国主要的无线电导航系统，取代了子午仪卫星导航系统及其他的导航系统。美国把发展 GPS 系统作为促进整个无线电导航系统现代化的核心，GPS 的建成是无线电导航领域进入 21 世纪的重要标志。

苏联在 20 世纪 60 年代（1967—1968 年）建立了类似子午仪的奇卡达（Tsikada）卫星导航系统，它由 6 颗卫星组成，卫星的轨道高度约 1 000 千米，绕地球一周的时间为 105 分钟，工作频率为 400 兆赫兹和 150 兆赫兹，它与子午仪卫星导航系统类似，具有同样的缺点。1978 年苏联开始研制全球导航卫星系统，它也类似于 GPS 系统，它的成功研制，改变了美国 GPS 一家独大的局面，建立了一个多系统兼容共用的无线电导航新局面，在大地测量学、地球物理学、地球动力学、载人航天以及全球气象学等各领域内带来了一场深刻的技术革命。

20 世纪 90 年代中期，欧盟着手建立独立于 GPS、GLONASS 的全球卫星导航系统，取名为伽利略卫星导航系统。2000 年欧洲航天局成立伽利略工程办公室，经过反复论证，2003 年开始系统研制。第一颗实验卫星 GIOVE–A 于 2005 年发射升空，截至 2019 年底，在轨卫星 25 颗，截至 2021 年底共发射 30 颗卫星，完成全部运行能力的部署。与 GPS、GLONASS 不同，Galileo 是一个纯粹的民用导航系统，它在 3 个频段上发播 6 种导航信号，提供 5 种服务，分别是开放式服务、生命安全服务、商业服务、公用管制服务以及搜索与救援服务。

我国的 BDS 系统于 20 世纪 90 年代开始研制，至 2020 年 7 月 31 日宣布正式具备全球导航服务能力，历时 30 余年，目前已在我国的国防和国民经济中发挥了重要作用。

卫星导航系统的优点非常多，主要有：

（1）精度高，误差不随时间积累；

（2）用户不发射无线电信号，隐蔽性好；

（3）不需要起始点运动参数，启动快；

（4）具有高精度授时功能；

（5）全天候，实时连续；

（6）覆盖范围广，覆盖地球表面和低轨空间；

（7）用户终端体积小、质量小、成本低。

卫星导航系统主要缺点包括：

（1）依赖导航信号，抗干扰问题突出；

（2）水下、地下、深空覆盖能力不足。

建设具备抗干扰能力、高精度的卫星导航系统是各主要国家导航定位系统发展的重点。

卫星导航定位系统在军事领域内的应用十分广泛，已经成为大幅提升军力的一个重要手段。它具有位置、时间、姿态和速度等测量能力，能在目标和瞄准该目标的武器系统之间建立起精确的关系，从而提高军事任务策划者指挥军队作战的效率，减少执行任务的风险。卫星导航定位系统在军事领域内的作用可概括如下：

（1）能够为空中平台作战提供全球精确制导；

（2）能够为舰船提供全球无缝海事导航；

（3）能够提升部队的全球陆地作战能力；

（4）能够取代地基雷达而精确测定卫星轨道；

（5）能够实现武器的全球精确投放；

（6）能够实现对目标的精确瞄准；

（7）能够为特种部队实现日夜隐蔽和准确会合提供支持；

（8）能够提升后勤补给工作的安全性与效率；

（9）能够提高扫雷/清除爆炸物的安全性；

（10）能够提高搜索与救援能力；

（11）能够为通信系统提供精确的时间源；

（12）能够为情报、监视和侦察系统提供精确的地理坐标；

（13）能够为网络中心站提供所需要的授时和同步化；

（14）能够为战场感知提供基础的三维空间与时间信息。

下面我们将对卫星导航定位系统的定位原理及一些处理过程进行简要的描述。

5.1.2　定位原理

· 名词解释

卫星导航定位系统是以人造卫星为导航台的无线电导航系统，陆、海、空、天的用户通过接收卫星播发的无线电波来得到精确的位置、速度、时间等信息，是目前应用最为广泛的导航系统。

在理想条件下，当卫星时钟与用户时钟都精确同步时，用户接收机可通过测量信号传播时间得到卫星至用户的真实距离，利用 3 颗卫星的距离测量值，就可以计算得到用户三维位置坐标。具体流程为：用户测量出自身到 3 颗卫星的距离，卫星的位置精确已知，并通过电文播发给用户，以卫星为球心，卫星至用户的距离为半径画球面，3 个球面相交得 2 个点，排除一个不合理的点即得用户位置，如图 5 - 1 所示。

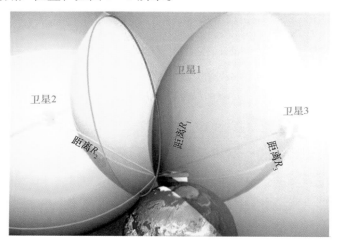

图 5 - 1　三球交会定位原理示意图

下面介绍卫星至用户的距离测量原理——单程时差测距。从三球交会定位原理可知，3个球面一旦确定，就可以确定用户的位置。而球面的位置由两个因素决定：球心位置和半径大小。用户要利用三球交会定位原理计算自己的位置，就需要确认卫星的位置和球面半径（即卫星到用户的距离）。球心位置也就是卫星的轨道是由卫星导航系统通过导航电文播发给用户的，这样用户自己要做的就是测量出卫星到用户的距离。下面简单介绍单程时差测距原理，具体如图5-2所示，基本流程如下：卫星不断播发导航信号。导航信号格式是经过精心设计的，信号中包含精确的时标，标记信号离开卫星时的精确时间为 t_1；用户在 t_2 时刻接收到卫星信号，通过时标测量出该信号是由卫星在 t_1 时刻播发的；假设卫星和用户的时钟都精确同步，则 $t_2 - t_1$ 反映的就是卫星信号在空间传播的时间。

$$距离 = (t_2 - t_1) \times 光速$$

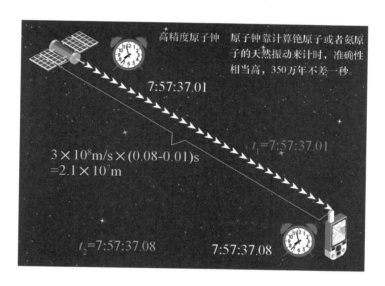

图5-2　单程时差测距原理示意图

在实际中，用户使用的时钟一般不可能是高精度原子钟，常用的是低成本晶振，时间误差大，也不可能与系统时间准确同步。因此，由它测出的卫星信号在空间的传播时间是不准确的，由此测出的用户与卫星的距离也不准确，这种以接收机时钟为基准测出的距离称作伪距（pseudo range，PR），伪距在真实距离的基础上，多引入了一个用户钟与系统钟差未知数（Δt）。解决措施是增加 1 颗卫星的观测量，利用 4 个方程解 4 个未知数。

在解上述方程组的同时，也解出了用户机时钟与系统钟的钟差 Δt。也就是说，用户机在完成定位的同时，也完成了对本地时间的精确校准，从而具备了授时功能。

5.1.3 卫星导航系统的星座

上一节已经对卫星导航定位的原理及过程进行了介绍，可以看出，在考虑用户机钟差的情况下，我们需要 4 颗卫星来进行定位。那么，是否在任何时候，在地球的任何位置上能够同时有 4 颗卫星被观测到呢？为了解决这一问题，就需要对卫星星座进行设计，以便用最少的卫星数获得最佳的定位性能。

卫星星座从直观上理解就是卫星在天空中的分布情况，实际上我们利用其轨道参数来对它们的状态进行区分。卫星轨道的分类方式有很多，最常见的是按照轨道高度、偏心率以及轨道倾角进行分类。

卫星轨道按照轨道高度可分为以下几类：

地球同步轨道（geostationary earth orbit，GEO）：包括地球静止轨道和地球倾斜同步轨道，其运行周期等于恒星日的持续时间，轨道高度为 35 786 千米。

地球低轨道（low earth orbit，LEO）：轨道高度一般低于 1 500 千米。

地球中轨道（medium earth orbit，MEO）：轨道高度一般在 10 000 ~ 25 000 千米之间。

超同步轨道：其高度大于 GEO 高度。

地球运行轨道通常是一个椭圆形，一般使用偏心率来描述椭圆的形状，偏心率为椭圆焦点间的距离与长轴的比值，表示椭圆轨道与理想圆轨道的偏离程度，偏心率越低，表明越接近于理想圆。按照偏心率的大小，卫星轨道

又可以分为:

圆轨道:偏心率为零或接近零。

大椭圆轨道(highly elliptical orbit,HEO):偏心率较大。

此外,还可以按照运行轨道面的倾角大小对卫星轨道进行分类:

赤道轨道:倾角为零,卫星在地球赤道平面上运行。

极轨道:倾角为90°,运行时会穿过地球自转轴。

顺行轨道:倾角小于90°且非零,其地面轨迹一般是自西向东。

逆行轨道:倾角大于90°但小于180°,其地面轨迹一般是自东向西。

其中,顺行轨道和逆行轨道统称为倾斜轨道(inclined geosynchronous satellite orbit,IGSO)。

卫星导航定位系统的卫星星座在设计时需要满足多重覆盖的条件,即需要很多同时可视的卫星。如前面所讨论的那样,为确定用户的三维位置和时间,必须有最少四个观测量。因此,对卫星导航定位系统而言,其星座的一个主要限制是它必须一直提供至少四重覆盖(这一点与卫星通信有较大差异)。在工程上,为了避免某颗卫星发生故障影响整个系统的正常运行,实际上都会提供四重以上的覆盖,这样即使有一颗卫星出现故障,也能够维持至少四颗卫星是可视的。此外,这种多重覆盖还可以帮助用户自主判断是否有某颗卫星发生异常。

归纳起来,卫星导航定位系统的星座设计问题主要有以下一些限制条件和考虑因素:

(1)覆盖应是全球性的;

(2)为了提供最好的导航精度,星座需要有很好的几何特性;

(3)在任何一颗卫星失效时,系统仍然可以继续工作;

(4)假设发生某些突发情况(如战争),有大量卫星同时失效,在系统内部重新布置一颗卫星的代价应该相对较低;

(5)卫星到地球表面的距离与有效载荷重量之间应有折中,在某种程度上取决于要达到地面最小接收功率所需要的发射信号功率。

在导航系统中典型的卫星星座包括 Walker 星座和混合星座。

Walker 星座是指具有等高度、等倾角的多颗倾斜圆轨道卫星，以地球为球心均匀分布的卫星星座，Walker 星座轨道面与赤道面等间距分布，在轨道面内各卫星也呈等间距分布。对于 20 000 千米高度的 MEO Walker 星座，无论卫星总数是 24 颗、27 颗还是 30 颗，采用 3 个轨道平面的可用度都是最高的。典型的采用 MEO Walker 星座的卫星导航系统有 Galileo 及 GLONASS 系统。

Walker 星座的几何形状可以由三个参数表示 $T_W/P_W/F_W$，其中 T_W 为星座中的卫星总数；P_W 为轨道面数；F_W 为相位因子，是 0 ~（P_W-1）的一个整数，表示的是 Walker 星座中相邻两个轨道平面上对应卫星星座之间的相位关系。

BDS 采用 MEO + IGSO + GEO 混合星座，既可以实现全球覆盖，又可以提升系统的性能。其中 BDS 中每种轨道面卫星的分布及数量如下：

3 颗 GEO：分别位于 80°E、110.5°E、140°E。

24 颗 MEO：分别位于 24/3/1 Walker 星座，轨道倾角 55°。

3 颗 IGSO：分别位于轨道倾角 55°，星下点共迹，相位差 120°，轨迹对称中心为 118°E。

5.2　国外主要卫星导航系统

世界各主要国家都在升级或自主建设各自的卫星导航定位系统，主要包括：GPS 是建设和应用最成功的全球卫星导航系统，美国正以提高其性能和导航战能力为目标分阶段实施 GPS 现代化计划，极力保持其领先地位；俄罗斯克服经济困难，全面恢复 GLONASS，并不断完善提高和加强其应用推广；欧盟作为美国盟友，坚持建设独立的 Galileo 系统；日本通过建设星基增强系统（multi-functional transport satellite-based augmentation system，MSAS）和准天顶导航卫星系统（quasi-zenith satellite system，QZSS）两套区域 GPS 增强系统谋求自主卫星导航能力；印度正在积极建设独立自主的印度区域导航卫星系统（Indian regional navigation satellite system，IRNSS）。

5.2.1　美国 GPS 系统

在各卫星导航系统中，GPS 发展最成熟、应用最广泛，下面首先以 GPS 为例介绍美国卫星导航定位系统。GPS 计划始于 1973 年，1978 年首次发射试验卫星，1993 年 12 月完成卫星组网，达到初始运行能力，1995 年 4 月达到全运行能力。研制建设过程历时 20 余年，耗资 320 亿美元，与阿波罗登月、航天飞机并列为美国 20 世纪三大航天工程。从 1996 年开始，GPS 地面部分开始实施精度改善创新和广域 GPS 提高计划，以及其他一些措施以持续提高 GPS 精度；2000 年又开始实施 GPS 现代化计划，一直持续至今。同时，美国也启动了 GPS 运行控制系统赛博安全能力的项目研发，对下一代运行控制系统进行升级，结合最新部署的新型 GPS Ⅲ 卫星，巩固加强美国在全球卫星导航系统领域的优势和主导地位。在信号层面还提出了军用码公开信号空间服务域的空间现代化倡议。GPS 还与新一代铱星系统融合，通过铱星播发导通一体的信号，为用户提供时间和定位（satellite time and location，STL）服务，根据最新公布的测试结果，STL 信号较 GPS 信号增强 30～40 分贝，定位精度为 30～50 米，授时精度 200 纳秒，能有效提升复杂电磁环境下卫星导航服务的可用性。美国在 2023 年发射导航技术卫星 NTS-3，卫星中搭载先进的光钟钟和冷原子铯钟，性能比 GPS Ⅲ 卫星的原子钟提升 3～5 倍；卫星载荷配置在轨可编程数字波形生成器、高增益天线、氮化镓高功率放大器等，可以进行信号调整和功率增大；采用新型星间链路技术，仅利用美国本土地面站就可实现全球系统运行控制，增强系统的抗毁伤性。

1. GPS 系统构成

GPS 系统由三部分组成：广播导航信号的卫星组成的空间部分，控制整个系统运行的控制部分，各种类型的 GPS 接收机组成的用户部分。

（1）空间部分

现阶段 GPS 的额定星座包含 24 颗卫星，均匀分布在 6 个倾角为 55°的近圆轨道面上，每个轨道有 4 颗卫星。实际上，由于一定数量的有源备份卫星在轨运行和大量卫星超期服役，在轨卫星一般要比设计的额定数量多。表 5 – 1 为 GPS 卫星在轨情况，其中加 * 号的表示可用但非健康的卫星。GPS 的 6 个轨道的星座分布，使其可在全天任何时间为全球任何地方提供 4 颗以上可观测卫星，其卫星星座如图 5 – 3 所示。

表 5 – 1　GPS 卫星在轨情况

卫星类型	数量	平均运行时间/a	最长运行时间/a
GPS Block Ⅱ R	6	18. 4	22. 9
GPS Block Ⅱ R – M	7	12. 7	14. 7
GPS Block Ⅱ F	12	6. 4	10. 1
GPS Block Ⅲ	6（1*）	1. 2	1. 5

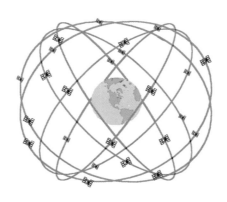

图 5 – 3　GPS 卫星星座示意图

GPS 卫星由多个功能系统组成，一般至少包括卫星星体、电功率系统、热控制系统、姿态和速度控制系统、导航载荷、轨道注入系统、遥测跟踪与指令系统等，为无线电收/发信机、原子钟、计算机及系统工作的各种辅助装置提供了平台。到 2022 年为止，除试验卫星之外，GPS 已发射了三代七种类型卫星，它们是：Block Ⅰ、Block Ⅱ、Block ⅡA、Block ⅡR、Block ⅡR–M 和 Block ⅡF、Block Ⅲ型，部分卫星外形如图 5–4 所示。

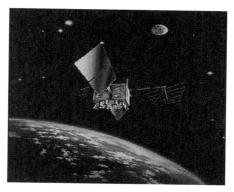

(a) GPS Block Ⅰ 卫星　　　　　　　　　(b) GPS Block Ⅱ 卫星

图 5–4　GPS 卫星外形图

GPS Block Ⅲ–F 型卫星是 GPS Ⅲ 卫星的升级版卫星，是最新型的卫星，"F" 的意思是 Follow-on，即继续下去的意思。它相比 GPS Ⅲ 更加先进和复杂，在功能方面，增加了区域军事保护和可重新设计的核爆探测系统，具备搜救载荷，配置了激光后向反射阵列，使得测距精度更高。另外 GPS Ⅲ–F 在开发过程中还与美国空军实验室合作，研制数字化可重编程载荷、导航技术卫星（NTS–3）的演示、近实时的命令传输功能等技术。编号为 SV Ⅱ 的第一颗 GPS Ⅲ–F 有望在 2026 年发射。

（2）控制部分

GPS 运行控制部分包含 1 个主控站、1 个备份主控站、20 个全球监测站、4 个上行注入站（又称地面天线），主要功能是跟踪与监测所有卫星，实现精密定轨和星地时间同步，控制卫星播发导航信号。

主控站位于美国本土科罗拉多州施里弗（原名 "福尔肯"）空军基地的联合空间作战中心，24 小时连续运行，负责对星座的所有指挥与控制。同时，还有 1 个备用主控站位于马里兰州的盖瑟斯堡。

监测站实际上主要是高品质的 GPS 接收机，对卫星的伪距、载波相位以及卫星发射的导航电文做连续跟踪与记录，并实时传送回主控站，用于产生每颗卫星的星历以及对其时钟的校正数据。监测站过去是 6 个（操作控制段），分别设在科罗拉多州、夏威夷、卡纳维拉尔角、阿森松岛（南大西洋）、迪戈加西亚岛（印度洋）和夸贾林环礁（南太平洋马绍尔群岛）。GPS 现代化计划开始实施后，美国国家地理空间情报局的 GPS 监测站也被纳入 GPS 地面控制系统中，即目前总共有 20 个 GPS 全球监测站。

上行注入站主要由直径为 10 米的 S 频段天线和大功率发射机、接收机等组成，其作用是将主控站传来的卫星星历和时钟参数以 S 波段射频链路上行注入各个卫星，同时接收来自卫星的遥测信息。上行注入站有 4 个，分别与设在卡纳维拉尔角、阿森松岛、迪戈加西亚岛和夸贾林环礁的监测站共置，后来又将美国空军在全球的卫星控制网络与 GPS 相连，可以通过该网络与卫星进行联络。

目前 GPS 的运控系统正在进行现代化改造——建设新一代运控系统，其目标是全面满足现代化 GPS 系统的运行、控制与管理要求，保证系统的安全运行。其最重要的能力就是赛博安全能力，在网络空间已成为重要作战领域的背景下，地面运控系统的赛博安全能力正成为卫星导航系统服务正常运行的重要保证。美国空军为地面运控系统设计了由 5 层防护结构组成的多层防御体系，分别为防火墙与入侵探测、公共关键信息与加密、安全操作系统、跨领域防护与安全代码等。

（3）用户部分

用户部分主要是各种类型的 GPS 用户设备（接收机），如图 5 - 5 所示。GPS 用户设备的功能是接收 GPS 卫星发送的导航信号，恢复载波信号频率和卫星钟，解调出卫星星历、卫星钟校正参数等数据；通过测量本地时钟与恢复的卫星钟之间的时延来测量接收机距卫星的距离（伪距）；通过测量恢复的载波频率变化来测量伪距变化率；根据获得的这些数据，计算出用户经度、纬度、高度、速度以及准确的时间等导航信息，并将这些结果显示在屏幕上或通过输出端口输出。

(a) 军用GPS接收机

(b) 民用GPS接收机

(c) 单兵使用GPS接收机

图 5 - 5　GPS 接收机示意图

　　GPS 接收机按其用途分类，可分为授时型、精密大地测量型、导航型接收机；按其性能分类，可分为 X 型（高动态）、Y 型（中动态）、Z 型（低动态或静态）接收机；按所接收的卫星信号和观测量分类，可分为标准定位服务接收机和精密定位服务接收机。

2. GPS 信号与服务

　　GPS 卫星信号由 3 种信号分量构成，包括载波信号（L1、L2、L5）、测距码信号和导航数据。测距码有两种，一种是码率为 1.023 兆赫兹的短码，也称为民码，或 C/A 码，它调制的数据信息是免费向公众开放的；另一种是码率为 10.23 兆赫兹的长码，也称为军码，或 P（Y）码，它的测量精度高，用户需要授权使用。卫星射频信号是由高速率的测距码对低速率的导航数据进行直序扩频，再用扩频信号对载波进行二相键控调制，最后调制信号经过混频、放大而得到的。所有 GPS 卫星都以相同的载波频率发射信号，不同卫星调制的测距码初相不同。GPS 使用的测距码中，P（Y）码是保密的，主要提供给本国和盟国的军事用户使用，相应的导航定位业务称为精确位置服务；C/A 码提供给本国民用和全世界使用，相应的导航定位业务称为标准位置服务。

GPS 水平方向设计定位精度军码为 10 米，民码为 30 米；而测速精度是
0.2 米/秒；授时精度是 50 纳秒。但由于实际卫星数大于设计卫星数等因素的
影响，实际上水平方向设计定位精度军码为 3 米，民码为 10 米。

3. GPS 现代化的内容和实施步骤

1996 年 3 月 29 日，美国颁发了 GPS 新政策。在这一政策指导下，2000
年美国公布了分阶段执行的 GPS 现代化计划，进程如图 5 - 6 所示。

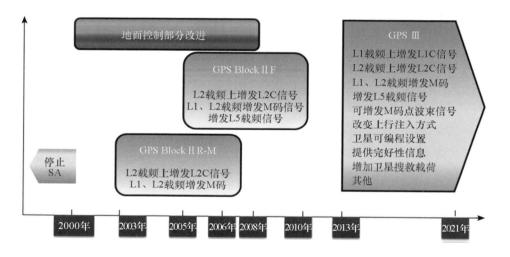

图 5 - 6　GPS 现代化进程计划

2000 年 5 月 2 日 4 时，美国关闭了运行长达 10 年的选择可用性
（selective availability，SA）软件。2003 年开始采用现代化的 Block ⅡR - M 卫
星，并在 L2 频点上增加了新的民用信号 L2C，在 L1、L2 频点上增加了新的
军用 M 码。虽然 M 码与传统的 C/A 码和 P（Y）码频点相同，但其频谱与它
们相分离，不会对现有的 C/A 码和 P（Y）码造成干扰，而且发射功率较大，
使得 M 码的抗干扰性能得到较大提高。2005 年在 Block F 卫星上又增加了新
的民用频点 L 5。2007 年 9 月 14 日，美国空军已经完成 GPS 地面段向新的
"结构演进计划"的转换工作，意味着 GPS 地面控制系统现代化升级改进取
得初步成功。

2020 年美国建成第三代 GPS 系统——GPS Ⅲ，第三代 GPS 卫星系统改变星座结构，放弃原有的 24 颗星中轨道方案，而采用运行在 3 个轨道面上的 30 颗卫星组网，能为陆地、海洋、航空和航天用户提供更为精密的位置、速度、时间和姿态等信息，水平定位精度可达到 2.1 米。通过战时卫星功率区域增强、采用新的军用信号、接收机采取抗干扰措施，可将 GPS 抗干扰能力提高 500 倍。

按照这一计划进程，从提高军用信号的性能来看，通过加大卫星发射功率、发射 M 码信号和发射点波束功率增强信号、实施选择性反欺骗模块、通过 GPS 精度改善创新，以及对地面控制部分设计和运行方式的改造等，提高 GPS 的抗干扰能力、保密性和精度；在民用性能提高方面，通过卫星发射 L2C、L5 和 L1C 信号、加大卫星发射功率和 GPS 精度改善创新，使 GPS 能适应不同民用用户的需要，提高 GPS 的民用精度。

5.2.2 俄罗斯格洛纳斯（GLONASS）系统

GLONASS 是俄罗斯研发的卫星导航系统，是继 GPS 后第二个投入运行的全球卫星导航系统，它的宗旨在于为数量不受限制的空中、海上和其他各种类型用户，在全世界范围提供全天候的三维定位、测速和授时服务。

GLONASS 系统最早开发于苏联时期，后由俄罗斯继续该计划。俄罗斯 1993 年开始独自建立本国的全球卫星导航系统。该系统于 2007 年开始运营，初期只开放俄罗斯境内卫星定位及导航服务，2009 年，其服务范围已经拓展到全球。主要服务内容包括确定陆地、海上及空中目标的坐标及运动速度信息等。

1. GLONASS 的概况

在 GLONASS 之前，苏联事实上已经拥有一个类似于美国 Transit 卫星系统的 Tsiklon 卫星定位系统，但是它无法及时提供准确的定位，无法满足当时出现的各种新需求，比如为新一代弹道导弹精确导引等。鉴于此，苏联在 1968 年起开始联合其国防部、科学院和海军各部门力量研究为海、陆、空、天武装力量建立一个新的导航系统方案，随后 20 世纪 70 年代中期苏联颁布法令开始了对 GLONASS 的开发。在苏联于 1991 年解体之后，GLONASS 由俄罗斯继承与管理，GLONASS 基本上是与 GPS 在同一时代开发和建成的。

2. GLONASS 系统的组成

GLONASS 系统由卫星星座、地面支持系统和用户设备三部分组成。下面分别对这三部分进行介绍。

（1）卫星星座

GLONASS 的卫星星座由 27 颗工作星和 3 颗备份星组成，所以其星座共有 30 颗卫星。其中，27 颗工作星均匀地分布在 3 个近圆形的轨道平面，轨道平面两两相隔 120°，每个面至少有 8 颗卫星，同平面的卫星之间相隔 45°，轨道高度为 23 600 千米，运行周期 11 小时 15 分钟，轨道倾角 56°。

（2）地面支持系统

地面支持系统由系统控制中心、中央同步处理器、遥测遥控站（含激光跟踪站）和外场导航控制设备组成。地面支持系统的主要功能由在苏联境内的许多场地来完成。随着苏联的解体，GLONASS 系统由俄罗斯航天局接管，但是地面支持段只能选择俄罗斯境内的场地，其中系统控制中心和中央同步处理器位于莫斯科，遥测遥控站分别位于圣彼得堡、捷尔诺波尔、埃尼谢斯克和共青城。

（3）用户设备

GLONASS 用户设备（即接收机）能够接收卫星发射的导航信号，并对伪距和伪距变化率进行测量，同时从接收的卫星信号中提取导航电文。接收机处理器对上述数据进行处理，计算出用户所在的位置、速度和时间信息。GLONASS 系统提供授权和公开两种服务。GLONASS 系统绝对定位精度在水平方向为 16 米，垂直方向为 25 米。目前，GLONASS 系统的主要用途是导航定位，此外也广泛应用于时频领域等。

3. GLONASS 的现代化

为了提高系统完全工作阶段的效率和精度性能、增强系统工作的完善性，俄罗斯也开展了 GLONASS 系统的现代化计划，主要内容如下。

（1）改频计划

GLONASS 采用频分制，24 颗卫星 L1 信号的总频带宽度为 1 602 ~ 1 615.5 ± 0.51 兆赫兹。显然该频段的高端频率与传统的射电天文频段（1 610.6 ~ 1 613.8兆赫兹）重叠。另外国际电信联盟组织的第 92 次 ITU WARC – 92 会议又决定将 1 016 ~ 1 626.5 兆赫兹频段分配给 LEO 移动通信卫星使用，因此要求 GLONASS 改变频率，即让出高端频率。

（2）下一代改进型卫星和未来的星座

截至 2019 年底，GLONASS 共有 28 颗卫星在轨，其中包括 26 颗 GLONASS – M 卫星和 2 颗 GLONASS – K 卫星。2019 年，俄罗斯政府完成了 GLONASS – K 系列卫星的研发，GLONASS – K 系列卫星包括 3 个型号：GLONASS – K1、增强型 GLONASS – K 和 GLONASS – K2。GLONASS – K 系列卫星最重要的变化是增加了码分多址导航信号，以提升与其他卫星导航系统的兼容性与互操作性。计划 2030 年前发射 26 颗全新的 GLONASS – K2 卫星，完全替换掉 GLONASS – M 卫星。GLONASS – K2 卫星配置激光星间链路和更高精度的原子钟，支持高频度的星历和钟差数据的更新，搭载激光发射器、搜救载荷。从 GLONASS – K 系列卫星的发展看，俄罗斯高度重视 GLONASS 系统服务性能与未来导航战能力的提升。

俄罗斯在加快 MEO 卫星更新换代的同时，还计划增加 IGSO 和 GEO 卫星，构建混合星座。拟采用 3 颗 Luch – 5M GEO 卫星，替代现有的 3 颗具有差分改正与监测功能的卫星，并在 160°E 增加 1 颗 GEO 卫星，实现双频多星座增强。2025 年前再发射 6 颗 IGSO 卫星，提升东半球的服务性能。

（3）地面控制部分的改进

地面控制部分的改进包括改进控制中心、开发用于轨道监测和控制的现代化测量设备、改进控制站和控制中心之间的通信设备。这些改进项目完成后，可使星历精度提高 30% ~ 40%，可使导航信号相位同步的精度提高 1 ~ 2 倍（15 纳秒），以及可降低伪距误差中的电离层分量。同时进一步扩展地面监测资源，从 25 个国内站、10 个海外站，增加到 45 个国内站、12 个海外站。

（4）差分增强系统

为了进一步提高 GLONASS 的精度，以满足三个类别的飞机精密进场/着陆的要求，俄罗斯正计划开发以下三种差分增强系统：广域差分系统、区域差分系统和局域差分系统。

广域差分系统包括在俄罗斯境内建立 3 ~ 5 个广域差分系统地面站，可为离站 1 500 ~ 2 000 千米内的用户提供 5 ~ 15 米的位置精度。

区域差分系统在一个很大的区域上设置多个差分站和用于控制、通信和发射的设备。它可在离台站 400 ~ 600 千米的范围内，为空中、海上、地面以及铁路和测量用户提供 3 ~ 10 米的位置精度。

局域差分系统采用载波相位测量校正伪距，可为离台站 40 千米以内的用户提供 10 厘米量级的位置精度。局域差分系统台站可以是移动系统，还可以用地面小功率发射机伪卫星来辅助建立。

5.2.3 欧盟伽利略（Galileo）系统

伽利略系统即伽利略计划。欧盟伽利略系统是欧洲计划建设的新一代民用全球卫星导航系统，系统由 30 颗卫星组成，其中 27 颗卫星为工作卫星，3 颗为候补卫星，卫星高度为 24 126 千米，位于 3 个倾角为 56°的轨道平面内，该系统除了 30 颗中高度圆轨道卫星外，还有 2 个地面控制中心。

1. Galileo 系统发展现状

在 20 世纪 90 年代的局部战争中，美国利用 GPS 系统提供定位的导弹或战斗机可以对地面目标进行精确打击，这给欧洲国家留下了深刻印象。欧洲国家也决定发展自己的全球卫星导航定位系统。经过长达 3 年的论证，2002

年 3 月，欧盟 15 国交通部长会议一致决定，启动 Galileo 导航卫星计划。

Galileo 计划的总投资预计为 36 亿欧元。该系统与 GPS 类似，可以向全球任何地点提供精确定位信号。由于 Galileo 系统主要针对民用市场，因此在设计之初，设计人员就把为民用领域的客户提供高精度的定位服务放在了首要位置。Galileo 系统可以为民用客户提供更为精确的定位，其定位精度可以达到 1 米，而 GPS 只能达到 10 米。

按照计划，第一颗用于测试的卫星在哈萨克斯坦的拜科努尔基地发射升空，2006 年 Galileo 系统开始进行正式部署，2008 年整个系统完工，正式为客户提供商业服务。而实际正式提供全球初始服务是在 2016 年，在 2019 年 Galileo 系统因精密时间设施相关问题，出现长达 110 多个小时的服务中断。截至 2020 年 4 月，Galileo 系统有 26 颗卫星在轨，后续随着卫星陆续寿命到期，欧盟还将陆续发射 12 ~ 14 颗卫星。

目前欧洲还在部署第二代 Galileo，计划 2025 年发射 4 ~ 8 颗过渡卫星，2027 年开始发射第二代 Galileo 卫星，2035 年具备全面运行能力。第二代 Galileo 系统具备自主运行、抗干扰、抗欺骗能力，卫星寿命更长，系统与服务更加安全，同时具有更好的兼容性和可扩展性。同时还将重构改进信号以提高服务性能，包括用户的首次定位时间、定位精度，用户安全认证等；并可提供高级授时服务、基于反向链路的新型搜救服务、电离层预报服务、面向生命安全的高级接收机自主完好性监测服务等。

2. Galileo 系统组成

Galileo 系统由空间段、环境段、地面段和用户段四部分组成。从表面上看，Galileo 系统似乎只在"老三段"上增加了一个环境段，实际上其内涵发生重要变化，系统变得更先进、更高效、更精密、更安全、更完善、更可靠。

（1）空间段

Galileo 的空间段由位于 MEO 的 30 颗卫星构成，这些卫星分置于 3 个轨道面内。卫星绕地球旋转一周的时间为 14 小时 4 分钟，卫星质量为 625 千克，在轨寿命 15 年，耗功 1.5 千瓦，发射频段为 4 个（包括 SAR 使用的频段），工作信道（基本信号）达 11 个。

（2）环境段

Galileo 的环境段是新增的部分，实际上在 GPS 和 GLONASS 中都是隐含的部分，在 Galileo 中其被明确提升到最关键的组成部分中来，这是因为随着对定位精度和可靠性客观需求的日益提高，以及使用中遇到的各种各样的问题，必然要把这个环境段放到重要位置上加以考虑。环境段主要研究电离层、对流层、电波干扰和多径效应，以及它们的缓解技术和对策。

（3）地面段

Galileo 的地面段主要由 Galileo 控制中心（2 个）、C 波段任务上行站（5 个）、Galileo 上行站（5 个，TT&C－S 波段和 ULS－C 波段）、Galileo 传感器站（29 个），以及 Delta 完好性处理装置和任务管理办公室组成，它们之间由 Galileo 数据链路和 Galileo 通信网络进行连接，外面相关的部门还包括 SAR 中心、EGNOS（European geostationary navigation overlay service）和世界协调时部门。其中，Galileo 控制中心分为四大系统：完好性处理系统、精密定时系统、轨道同步和定时系统、Galileo 资源控制系统。Galileo 资源控制系统又包括服务产品部、卫星控制部和任务控制部。

（4）用户段

Galileo 的用户段即用户接收机，分布在海、陆、空、天等应用领域。Galileo 提供的服务内容比 GPS 多得多，所以对用户接收机的要求就更高，而且还兼顾与其他卫星导航系统的兼容互操作。

3. Galileo **系统的应用与服务**

Galileo 提供的服务种类远比 GPS 多。GPS 仅有标准定位服务（standard positioning service，SPS）和精密定位服务（precise positioning service，PPS）两种，而 Galileo 则提供五种服务：开放式服务（与 GPS 的 SPS 相类似，免费提供）、生命安全服务、商业服务、公用管制服务以及搜索与救援服务。前四种服务是 Galileo 的核心服务，最后一种则是支持搜救卫星系统的服务。Galileo 不仅服务种类多，而且独具特色，它能提供完好性广播、民用控制、局域增强等服务。2020 年后，还逐步增加了公开信息认证服务、商业授权认证服务、紧急告警服务、全球 20 厘米精密单点定位服务等。

Galileo 的开放式服务是基础服务，免费提供定位、导航和授时服务。商业服务是公开服务的一种增值服务，以获取商业回报，它具备加密导航数据的鉴别功能，为测距和授时专业应用提供有保证的服务承诺。Galileo 的生命安全服务可以为航空、航海和铁路运输三大领域的用户提供完全可靠的人身安全服务。公用管制服务是为欧洲及其盟国提供的国家安全保障服务，它使用一种特定且被管制的导航定位信号。2004 年 6 月欧盟与美国签订了关于 Galileo 和 GPS 的合作协议，同意将 Galileo 系统的公用管制服务信号纳入美国的导航战计划，即美国可以使用 Galileo 系统的公用管制服务信号。

Galileo 提供的公开服务定位精度通常为 15 ~ 20 米（单频）和 5 ~ 10 米（双频）两种档次。公开特许服务有局域增强时定位精度能达到 1 米，商用服务有局域增强时为 0.1 ~ 1 米。

5.2.4 日本准天顶导航卫星系统和印度区域导航卫星系统

各国在 GNSS 上的较量和竞争，不单单只限于技术层面，更体现在政治、军事和经济等层面。除目前的四大 GNSS，世界上其他国家或地区也同样重视对独立自主的 GNSS 的开发和利用。这一节我们将简单介绍日本的准天顶导航卫星系统和印度的区域导航卫星系统。

1. 日本准天顶导航卫星系统

2006 年，日本政府提出建立一个为日本及其邻近国家提供服务的区域性卫星导航系统 QZSS，它除了发射与 GPS 和 Galileo 卫星信号兼容的导航信号以外，还播发 GNSS 差分校正量。QZSS 卫星星座由 7 颗卫星构成，包括 1 颗 GEO 卫星，3 颗 IGSO 卫星和 3 颗 HEO 卫星，其中第 1 颗 QZSS 卫星已于 2010 年 9 月 11 日发射升空。QZSS 星座在设计上保证在任何时刻至少有 1 颗卫星位于日本的天顶方向附近，它希望通过提供接近于日本天顶方向的卫星信号，帮助解决由于高楼林立而被阻挡的低仰角 GNSS 卫星信号所造成的城市峡谷问题。QZSS 地面监控部分包括 1 个主控站和 10 个监测站。

QZSS 可在两方面增强全球定位系统的效能：一方面，增强 GPS 信号的可用性；另一方面，增加 GPS 导航的准确度和可靠度。

QZSS 卫星发送的 GPS 可用性增强信号和现代化的 GPS 信号相容，因此确保了两系统的互通性。QZSS 卫星可以发送 L1C/A 信号、L1C 信号、L2C 信号和 L5 信号。这将大大减少对于规范及接收机设计的改动。

QZSS 能经由 L1-SAIF 及 LEX 次米级效能增强信号，提供测距校正资料。因此相较于独立的 GPS，GPS 加上 QZSS 组成的联合系统可提供更好的定位效能。另外，通过故障监测和系统健康资料的通报，提高了可靠度。QZSS 还提供使用者其他辅助资料，改善 GPS 信息获取。

依据原本的计划，QZSS 将携带两种类型的太空用原子钟：氢迈射和铷原子钟。但被动式氢迈射的发展已于 2006 年终止。定位信号将由铷原子钟生成，采用类似 GPS 报时系统的体系结构。QZSS 使用双向卫星时频传输（two-way satellite time and frequency transfer，TWSTFT），可以获得卫星原子钟在太空中的标准行为和一些其他研究的基础知识。

截至 2022 年，QZSS 系统空间段在轨 3 颗准天顶（Quasi Zenith Orbit，QZO）卫星和 1 颗 GEO 卫星，具体如表 5-2 所示。

表 5-2   QZSS 在轨卫星情况

名称	卫星类型	轨道类型	轨道位置	发射时间	设计寿命/a
QZS-1	Block I Q	QZO	136°E	2010 年 9 月 11 日	—
QZS-2	Block II Q	QZO	136°E	2017 年 6 月 1 日	>15
QZS-3	Block II G	GEO	127°E	2017 年 8 月 19 日	>15
QZS-4	Block II Q	QZO	136°E	2019 年 10 月 10 日	>15

QZSS 计划陆续发射另外 3 颗 QZSS 卫星（QZS-5、QZS-6、QZS-7），

最终完成由 7 颗卫星组成的完整系统，在覆盖区域进一步扩大和定位精度进一步提高的同时，还具备授权安全认证等反欺骗手段。

2. 印度区域导航卫星系统

印度建设区域导航卫星系统是出于军用和民用两方面的考虑，由印度空间研究组织负责其设计、开发和部署，建成了 GPS 辅助型静地轨道增强导航系统和印度区域导航卫星系统。印度区域导航卫星系统最终重命名为印度导航星座（navigation with Indian constellation，NAVIC），该系统提供两种服务，即民用的标准定位服务和供特定授权使用者（军用）的授权型服务。2016 年已开通并正式提供服务，2017 年在 NAVIC 的 7 颗工作卫星中一共有 21 台铷原子钟，其中 7 台出现故障，严重影响了系统运行。

图 5 –7 为 NAVIC 系统的组成和结构图，NAVIC 系统包含 7 颗卫星及辅助地面设施。其中 3 颗为地球同步轨道卫星，分别位于 32.5°E、83°E 及131.5°E。另外 4 颗卫星为地球静止轨道（geostationary orbit，GSO）卫星，位

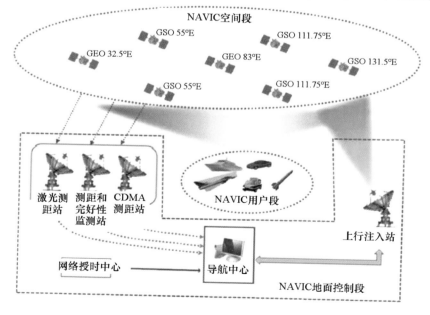

图 5 – 7　NAVIC 系统组成及结构

于倾角 29°的轨道上，分别与赤道交于 55°E 及 111.75°E。这样的安排意味着 7 颗卫星都可以持续地与印度控制站保持联络。卫星负载包含原子钟及产生导航信号的电子装备。

按照印度的计划，NAVIC 的组网工作将分为两大步骤：第一步是发射地球同步卫星组成覆盖印度全境的"区域导航卫星系统"。印度空间研究组织于 2013 年到 2015 年发射 7 颗地球同步轨道导航卫星。其中印度计划在南北极上空各发射 2 颗卫星，在地球中部近赤道的上方发射 3 颗导航卫星，从而实现全天候覆盖印度及其周边约 1 500 千米范围内的较为精确的卫星定位、导航和授时服务。第二步是从"区域导航卫星系统"向印度版"全球卫星导航定位系统"迈进，后续将增加 4 颗 GEO 卫星，使得服务区域扩大至 30°S ~ 50 °N，30°E ~ 130 °E，在服务区内可见卫星至少 6 颗，还计划增加 L1C 民用信号，与 GPS 实现互操作，此外在新的 NAVIC 卫星上还将搭载搜救载荷。

5.3　北斗卫星导航系统

5.3.1　概述

北斗卫星导航系统按照"三步走"的总体规划，"先区域、后全球，先有源、后无源"的总体发展思路分步实施，形成突出区域、面向世界、富有特色的发展道路，具体包括：

第一步：1994 年启动建设，2000 年初步建成，2003 年正式建成覆盖我国及周边的、基于双星有源定位体制的双星导航定位系统；

第二步：2004 年启动建设，2012 年建成覆盖我国及周边（较"北斗一号"服务区大）的无源定位系统；

第三步：2020 年建成覆盖全球的无源定位系统。

分"三步走"战略的基本考虑是：卫星导航系统技术复杂、建设周期长，必须采取循序渐进的方式滚动发展；我国的技术基础、管理水平和经济实力需要一个较为长期的提高过程。实践证明，"三步走"是一条比较合理的、符合我国国情的路线。

5.3.2 "北斗一号"系统

1. 系统组成

为了最大可能降低导航用户使用费用和卫星维护费用，同时利用我国计划发射的"东方红二号"通信卫星实现"一星多用"，1983 年，以我国著名学术带头人陈芳允教授为代表的专家学者提出利用两颗对地静止的卫星来测定空中和地面的目标和位置的设想，并对这种系统进行了概念和理论的研究，于是形成了北斗双星定位通信系统的概念。

2003 年 6 月，"北斗一号"系统的服务正式开通，这标志着我国拥有了完全独立自主知识产权的卫星导航定位系统，北斗卫星导航定位系统进入了实质性的应用阶段。

"北斗一号"系统是我国自主开发的第一代区域卫星导航定位系统，该系统由 2 颗工作卫星和 1 颗在轨备份卫星组成，分别于 2000 年 10 月 31 日、2000 年 12 月 21 日和 2003 年 5 月 25 日成功发射。"北斗一号"系统由空间部分、地面控制部分及用户终端三大部分组成，系统组成示意图如图 5 - 8 所示。"北斗一号"系统是利用地球同步轨道卫星对观测定位目标实施快速精确定位，同时兼具授时和报文功能的一种新型系统，是具有高精度、全天候、区域性三大特点的卫星导航定位系统。

空间部分包含 2 颗地球静止轨道卫星、1 颗在轨备份卫星，这 3 颗卫星分别位于地球 80°E、140°E、110.5°E 的位置，其中，2 颗地球静止轨道卫星的位置经度相距 60°，备份卫星位于 110.5°E 的位置。"北斗一号"系统的覆盖范围是 70°E 到 140°E、5°N 到 55°N，正好覆盖了中国本土及周边一些地区，所以"北斗一号"系统是区域性导航定位系统。空间卫星组成结构非常简单，

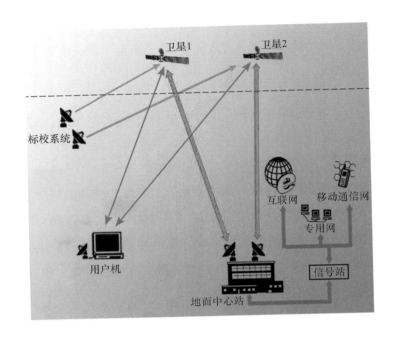

图 5 - 8   "北斗一号"双星定位系统组成示意图

完成地面中心控制系统和用户收发机之间的无线电信号的转发任务，它是对无线电信号透明双向的转发。空间卫星上的主要载荷是变频转发器、两个波束的 S 波段天线和两个波束的 L 波段天线。

地面控制部分由一个地面中心站及各种监测站组成。地面中心站是整个系统的管理控制处理中心，同时与 2 颗工作卫星进行双向通信，完成对每个用户的精确定位，并将定位信息通过卫星直接发送给用户或用户管理中心。

地面控制部分的中心站控制整个地面控制部分的工作，主要任务包括以下 6 个方面：

（1）接收"北斗一号"空间卫星发射的遥感测量信号，向"北斗一号"空间卫星发送遥感控制指令，以此来控制空间卫星的运行、姿态和工作；

（2）实现地面控制部分与导航用户间的相互通信，同时测量无线电波在地面控制中心、空间卫星、导航用户之间往返的传输时间；

（3）控制各测轨站的工作，收集它们的测量数据；

（4）收集来自测高站的海拔高度数据和校准站的系统误差校正数据；

（5）地面控制部分利用测得的中心、卫星、用户间电波往返的传播时间，气压高度数据，误差校正数据，卫星星历数据，结合储存在中心的系统覆盖区数字地图，对用户进行精确定位；

（6）系统中各用户通过与中心的通信，间接地实现用户与用户之间的通信，由于中心集中了系统中全部用户的位置、航迹等信息，可方便地实现对覆盖区内的用户进行识别、监视和控制。

地面控制部分的测轨站、测高站、校准站（也称标校机）等监测站均是无人的自动数据测量、收集中心，在地面中心站控制下工作。测轨站设置在位置坐标准确已知的地点，作为卫星定位的位置基准点，以有源或无源方式，测量卫星和监测站间电波传播时间（或距离），以多边定位方式确定卫星的空间位置。各测轨站将测量数据通过卫星发送至地面，由地面控制部分进行卫星位置的解算。

地面控制部分的测高站设置在系统覆盖区内，用气压高度计测量测高站所在地区的海拔高度。通常一个测高站测得的数据粗略地代表了其周围 100～200 千米地区的海拔宽度。海拔高度和该地区大地水准面高度之和即是该地区实际地形离基准椭球面的高度。各测高站将测量的数据通过卫星发送至地面中心站。

地面控制部分的 30 多个校准站分布于全国各地，其地理位置坐标明确。校准站的设备及其工作方式和用户的设备及其工作方式完全相同。由地面控制部分对其进行定位，将地面中心站解算出的校准站位置坐标和校准站的实际坐标相减，求得差值，由此差值得到用户定位修正值。

各种类型的用户机是整个系统的用户终端，用户接收机是带有全向收发天线的接收、发射器，图 5-9 为几种典型用户机的示意图，用于接收卫星发射的 S 波段信号，从中提取地面中心站传送给用户的数字信息，同时从信号中提取时间标记，以此时间标记为基准，延长一段准确的时间，向卫星发射应答信号，信号中包含用户向中心，或其他用户传送的数字信息。用户设备自身无定位解算功能，其位置数据是在地面中心站解算得到后，通过卫星发送给用户的（包含在用户提取的数字信息中）。"北斗一号"用户接收机根据不同的应用环境和功能，通常分为3种类型：

　　(a) 普通手持型用户机　　　　　(b) 普通车载型用户机　　　　　(c) 双模型用户机

图 5 - 9　"北斗一号"用户机示意图

　　普通型：适用于一般车辆、船舶以及便携用户的导航定位应用；

　　通信型：适合于野外作业、水文测报、环境监测等各类数据采集和数据传输用户；

　　授时型：适合于需要授时、校时、时间同步等服务的用户，可提供数十纳秒级的时间同步精度；

2. 主要业务

　　"北斗一号"系统为用户提供三大业务，包括快速定位业务、短报文通信业务和高精度授时业务。快速定位业务的定位精度为 20 米/100 米（有/无标校），从开机到定位仅需要 0.7～2 秒；短报文通信业务每次可发送 120 个汉字或 1 680 比特数据；高精度授时业务提供 20 纳秒双向授时和 100 纳秒单向授时业务。

3. 定位原理

　　"北斗一号"系统同样采用三球交会定位原理，但有 4 个差别：3 个球面中两个球面是以卫星为球心，以卫星到用户机距离为半径的球面，另外 1 个球面是地球不规则表面；测距采用双向时差测距原理；用户需发射定位申请信号；定位计算由地面中心站完成，通过卫星播发给用户。

利用三球交会定位原理，"北斗一号"系统定位流程如图 5 – 10 所示，具体如下：

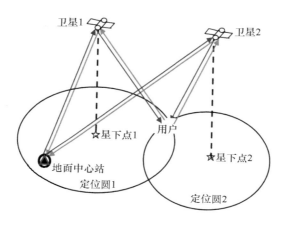

图 5 – 10　双星定位示意图

（1）地面中心站通过卫星持续广播出站信号；

（2）用户机接收出站信号，向卫星发射入站申请信号，卫星转发至地面中心站（等效于反射），入站信息中同时包含用户机高程信息；

（3）地面中心站测得信号往返时间，求出卫星到用户机距离，同时解调出用户高程信息，利用三球交会定位原理计算出用户位置；

（4）中心站将用户位置信息加入出站广播电文中，通过卫星发送给用户；

（5）用户接收出站信号，解调出定位信息。

由前面介绍可知，双向时差测距和获取地球不规则球面是"北斗一号"系统定位的基础，下面分别进行介绍。

双向时差测距是在地面中心站完成的，地面中心站通过发射带有时标的信号，经过卫星至用户的两次转发又回到地面中心站，地面中心站计算信号传播的时延得到时差。具体流程如下（图 5 – 11）：

（1）地面中心站持续播发出站信号，并通过卫星转发给服务区所有用户，信号中包含着信号离开地面中心站的时标；

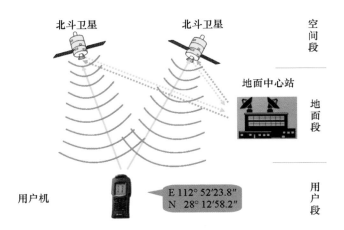

图 5 – 11   "北斗一号"系统定位流程

（2）出站信号经过卫星透明转发至用户机，用户机发射定位申请信号，通过卫星转发给地面中心站。用户机发射时刻锁定在出站信号的某一时标上，相当于反射该时标；

（3）地面中心站测量出信号至卫星和用户的往返时间，可以计算出卫星到用户的距离。

地球不规则球面获取方法如下：

（1）地面中心站存储地球数字地形图，构成不规则球面；

（2）对于空中用户，用户机需通过入站信号提供高程信息，存储的球面加高程构成扩大的不规则球面；

（3）将不规则球面作为第 3 个球，利用三球交会定位原理计算用户位置。

4. 短报文通信原理

"北斗一号"用户机通信流程如图 5 – 12 所示，以发送短消息方式，通过地面中心站中转，具体流程如下：

（1）当用户机 A 需要向用户机 B（手持型用户机）发送消息时，将编辑好的短消息打包发送给卫星，信息中含收信人 ID 号（即用户机 B 的 ID 号）；

（2）卫星将信息透明转发至地面中心站；

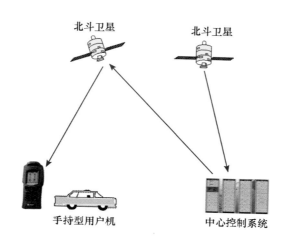

图 5 – 12 "北斗一号"用户机通信流程

（3）地面中心站将信息拆包处理，重新打包成出站信号，通过卫星广播给广大用户；

（4）用户机 B 接收到卫星广播的信息，对 ID 号进行比对，解调出自己应接收的信息并显示出来。

短报文通信，可实现用户机与地面中心站、用户机与用户机之间的通信。对通信申请，中心站将通信内容经出站信号转发给收信人。

"北斗一号"短报文通信具有以下典型特点：

（1）"北斗一号"用户机之间的通信不需要借助其他系统，通过北斗卫星即可完成；

（2）"北斗一号"用户机之间的通信是通过卫星和地面中心站转发的，不受用户机之间的高山阻隔或距离的影响；

（3）通信速度快，主要受限于电文输入速度；

（4）"北斗一号"用户机之间的通信安全性高。

5. 系统特点

"北斗一号"卫星导航定位系统是我国自主开发并已成功投入应用的卫星导航定位系统，它完全独立于美国的 GPS 系统和俄罗斯的 GLONASS 系统，几乎不受任何限制，具有很强的可用性。

与其他卫星导航系统相比，"北斗一号"系统不依赖任何其他通信手段，可以很容易地实现系统组网，也可以同时进行数据通信，非常适合在偏远地区和其他通信网络覆盖不到的地区使用。同时，"北斗一号"系统覆盖了从 70°E～140°E、5°N～55°N 的广大区域，还可以满足我国及周边国家的应用需求，而且具有较高的性价比。

5.3.3 "北斗二号"区域卫星导航系统

1. 建设背景与目标

受技术体制与规模限制，"北斗一号"系统具有如下局限性：服务区域和容量受限；定位精度有待提高；不具备测速功能；需要发射信号；只能为时速低于 1 000 千米的用户提供定位服务。

当时在全球卫星导航市场 GPS 一家独大，考虑到国家安全和利益，俄罗斯在加速恢复 GLONASS、欧洲在积极部署自己的全球卫星导航系统 Galileo，我国的北斗卫星导航系统也是在此背景下开始组网建设的。

"北斗二号"导航系统是区域导航系统，建设目标是：2012 年前后，建成由 12 颗卫星组成的区域卫星导航系统，服务区内与美国 GPS、俄罗斯 GLONASS 性能相当，并具有报文通信功能。

2007 年 4 月 14 日，我国成功地发射了第一颗"北斗二号"区域导航卫星（COMPASS－M1），标志着我国"北斗二号"卫星导航系统进入了发展建设阶段。"北斗二号"系统采用的是基于单向时差测距的三球交会定位原理，用户可以无源、连续实时地实现三维定位、三维测速、授时和用户位置报告功能。系统采用的坐标系统是 2000 年中国大地坐标系统，北斗卫星导航系统的时间系统采用了北斗时（beidou time，BDT），秒长为原子秒，起算时间为 2006 年 1 月 1 日 0 时 0 分 0 秒。BDT 是一种连续的时间尺度，与 GPS 时一样，没有闰秒，与协调世界时的偏差小于 100 纳秒。

2011 年 12 月 27 日，在国务院新闻办公室召开的新闻发布会上，北斗卫星导航系统新闻发言人、中国卫星导航系统管理办公室主任冉承其宣布，北斗卫星导航系统将免费向中国及周边地区提供连续的导航定位和授时服务；2012 年 12 月 27 日，北斗卫星导航系统开始正式向亚太地区提供导航定位服务。

"北斗二号"的成功组网，使北斗区域卫星导航系统形成了"5GEO + 4MEO + 3IGSO"的基本系统，"北斗二号"的定位精度在我国境内的主要地区可以达到 10 米以内，测速精度优于 0.2 米/秒，授时精度优于 50 纳秒；同时可为特定用户提供短报文通信业务服务，民用用户频度是每分钟一次，每次 40 个汉字。对于我国境内的人群而言，"北斗二号"所提供的导航服务已经可以满足日常基本生活需要，使用性能与 GPS 相差不大。

2. **系统组成**

"北斗二号"系统的用户终端无须发射信号即可完成定位解算。"北斗二号"系统由空间段、地面运控系统和应用系统组成，具体如图 5 – 13 所示。

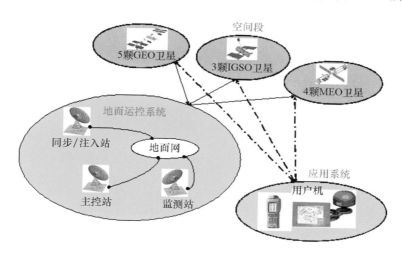

图 5 – 13　"北斗二号"卫星导航系统组成

（1）空间段

"北斗二号"的空间段由 5 颗地球同步轨道卫星、4 颗中轨道卫星和 3 颗倾斜地球同步轨道卫星组成。5 颗地球同步轨道卫星分别定点在东经 58.75°、80°、110.5°、140°和 160°，4 颗中轨道卫星为 Walker24/3/1 星座的第一轨道面第 7、8 相位，第二轨道面第 3、4 相位，轨道高度为 21 528 千米，倾角为55°；3 颗倾斜地球同步轨道卫星分别在间隔 120°的 3 条轨道上，相位相差120°，轨道倾角为 55°，星下点轨迹重合，交叉点位 118°E。

"北斗二号"的空间段采用了"GEO + IGSO + MEO"的三种轨道的混合星座设计，这三种轨道各有优劣。

GEO 的轨道倾角为 0°，偏心率为 0，运行周期与地球的自转周期相同，为 23 小时 56 分钟 4.099 秒，卫星自西向东顺着地球自转方向运行，在地球观测 GEO 卫星，卫星相对于观测者是不动的。GEO 上的一颗卫星可实现地球表面 42% 的覆盖，几颗卫星就可以提供全球覆盖，轨道的稳定性较好，缺点是其轨道上运行的卫星不能提供两极地区的覆盖，卫星发射的费用高。

IGSO 高度和运行周期与 GEO 相同，但是它的轨道面相对于地球赤道面的倾角不为 0°，在地球上观测，其上运行的卫星的星下点轨迹是一个交叉点在赤道，跨越南北半球的上下对称"8"字。由于 IGSO 的卫星相对地球是运动的，它的优点是可以提供接近两极地区的区域性覆盖，这很适合于区域性的导航系统，缺点也是发射费用高。

MEO 高度为 5 000 ~ 20 000 千米，轨道形状为圆形，是现行 GPS 和GLONASS 系统采用的轨道，其优点是轨道比较稳定，可忽略大气阻力的影响，轨道高度较高，覆盖范围较广，缺点是运行速度较慢，发射费用较高。

图 5 - 14 显示为"北斗二号"三种卫星的星下点的轨迹，其中红色点为GEO 卫星的星下点，它是不动的一个点；蓝色的"8"字形的曲线是 IGSO 卫星的星下点轨迹；绿色类似正弦曲线的为 MEO 卫星的星下点轨迹。

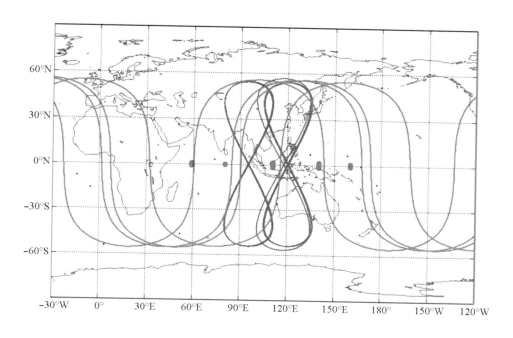

图 5 - 14 "北斗二号"星下点轨迹

"北斗二号"卫星导航系统之所以采取这种星座布局，主要出于以下几个方面的考虑。

其一，满足第一阶段建设的需求。这种卫星星座分布使得在南北纬 55°、55°E ~ 180°E 的全服务区内任何地方、任何时间都可观测到 4 颗以上的卫星，可满足我国及周边地区导航需求。其中核心地区是我国本地及周边地区，其定位精度为水平 10 米，高程 10 米，重点地区是西到伊朗，东至中途岛，北至蒙古国，南至澳大利亚、新西兰以南海域的地区，其定位精度为水平 20 米，高程 20 米。

其二，满足减小建设风险的需要。通过采用 12 颗卫星组成的区域系统星座，可减小一次性建设投资，从而达到减小风险的目的，同时也能最大限度地满足关键技术论证与系统设备研制的需要。

其三，满足与"北斗一号"系统无缝接合的需要。采用"北斗二号"的星座布局，可确保"北斗二号"系统保留"北斗一号"系统的报文通信功能。

　　"北斗二号"的这种轨道设计与其他全球卫星导航系统是不同的，纵观其他的全球卫星导航系统，美国 GPS 基于 6 个轨道面设计，每个轨道面分布 4 颗卫星；俄罗斯则考虑到 3 个轨道面的设计对于高纬度地区的覆盖效果好，而"北斗二号"采用的 Walker24/3/1 星座设计，选取了 3 个轨道面，每个轨道面设计可以分布 8 颗卫星。通过后来的实际验证发现，3 个轨道面的设计在全球的导航定位性能也都很好，所以后来欧洲的 Galileo 也采用了这一设计。

　　"北斗二号"卫星导航系统为了提高区域覆盖性能，采用地球同步轨道和倾斜地球同步轨道相组合的轨道设计，相较于单一中圆轨道的导航性能来讲，在实现区域导航覆盖和提升区域导航精度方面，能够用更少的卫星达到更好的导航性能和效果，是最经济、最简单、最实用的设计方法。

　　（2）地面运控系统

　　"北斗二号"的地面运控系统由主控站、同步/注入站和监测站组成，主要完成对卫星的上行注入、星地时间同步、时间同步站的站间同步、地面站的站间通信以及卫星测控等功能。地面运控系统的基本工作原理是：采用主钟工作的方式定义"北斗二号"系统时间，通过站间时间比对观测与处理，完成地面站时间同步，通过卫星与地面站时间比对完成星地时间同步；分布在国土内的监测站对其可视范围内的卫星进行监测，采集各类观测数据，并将数据发送至主控站，主控站完成全部星座卫星的精密轨道确定及其他导航参数的确定、广域差分信息和完好性信息处理；通过注入站向卫星注入广播参数，卫星按照规定的协议发播导航信号和参数。

　　（3）应用系统

　　"北斗二号"的应用系统主要包含各种类型的应用终端及运营服务系统。

3. 服务种类与性能指标

　　北斗卫星导航系统建成以后，在亚太地区的导航精度与 GPS 相当，主要功能是有源定位（与"北斗一号"系统兼容）、无源定位、测速、单双向授时、短报文通信，具体系统指标如下：

　　服务区域：中国及周边亚太大部分地区；

定位精度：核心地区水平面定位精度 10 米，高程精度 10 米，测速精度 0.2 米/秒；

授时精度：单向授时可达 50 纳秒，双向高精度授时精度达 10 纳秒；

短报文通信：一条电文最长 120 个汉字。

"北斗二号"系统包含 RNSS 和 RDSS 两大业务。RNSS 是卫星无线电导航业务（radio navigation satellite service）的缩写，为用户提供定位、测速和定时服务，采用无源被动定位方式。RDSS 是卫星无线电测定业务（radio determination satellite service）的缩写，是对"北斗一号"业务的兼容和提升，为用户提供主动定位、双向授时和短报文通信服务。"北斗二号"系统 GEO 卫星包含 RNSS 和 RDSS 业务载荷，IGSO 和 MEO 卫星仅包含 RNSS 载荷。具体情况如下：

GEO 卫星的有效信号载荷主要有 2 种：RNSS 和 RDSS 业务载荷。RNSS 载荷用于实现无源定位、导航、授时服务；RDSS 载荷用于实现有源定位、双向授时和短报文通信服务。通过 5 颗 GEO 卫星，保留了"北斗一号"系统的主要业务，使"北斗一号"系统的现有用户接收终端设备仍可工作。

MEO、IGSO 卫星的有效信号载荷仅为 RNSS 载荷，用于实现无源定位、导航、授时服务。

RNSS 定位、测速和定时的性能要优于 RDSS 方式，因此随着"北斗二号"系统的正式运行，RDSS 的定位功能会相对弱化，但短报文通信功能仍能保持。

4. 系统特点

"北斗二号"系统在"北斗一号"系统的基础上进行了显著的改进和扩展，具有如下特点：

导航性能提升："北斗二号"采用了 RNSS 定位模式，相比"北斗一号"RDSS 的定位模式，能有效提升定位精度和授时精度，在高动态定位性能方面也与 GPS 系统保持一致；

通导融合设计：采用 MEO + GEO + IGSO 的混合星座设计，在确保区域导航功能的同时也实现了区域短报文通信功能，是一个典型的导通融合系统；

关键技术创新：“北斗二号”在区域混合导航星座构建、高精度时空基准建立、星载原子钟国产化等核心技术方面取得了关键性的突破；

国际合作加强：“北斗二号”作为世界上第 3 个提供运行服务的卫星导航系统，已被联合国确认为四大核心供应商之一，并已进入国际海事、国际民航和国际移动通信组织标准体系。

5.3.4 “北斗三号”全球卫星导航定位系统

“北斗三号”全球卫星导航定位系统的总建设目标是：2020 年，建成“北斗三号”全球卫星导航定位系统，性能达到同时期国际先进水平。我国于 2009 年启动对其的预先研究与关键技术论证，2020 年 7 月 31 日，正式建成由 32 颗卫星组成，覆盖全球的“北斗三号”卫星导航定位系统，“北斗三号”与“北斗二号”共同组成的向下兼容的卫星导航系统，统称为北斗全球系统（BDS）。随着“北斗二号”卫星逐渐到寿退役，最终 BDS 将全部由“北斗三号”的卫星和“北斗三号”的地面运控系统组成。而用户对于“北斗二号”卫星的逐渐退役和向“北斗三号”过渡阶段是无感的，“北斗二号”的用户仍然可以继续使用“北斗三号”的部分信号。

1. 系统组成

如图 5-15 所示，“北斗三号”系统也包括空间段、地面段、用户段三部分，空间段由 5 颗 GEO 卫星、3 颗 IGSO 卫星、24 颗 MEO 卫星构成的混合星座组成。MEO 卫星为 Walker24/3/1 星座，分布在间隔 120° 的 3 个轨道面上，每个轨道面均匀分布 8 颗卫星，轨道倾角为 55°，高度为 24 126 千米。3 颗 GEO 卫星定点于 80°E、110.5°E 和 140°E。3 颗 IGSO 卫星分布在间隔 120° 的 3 条轨道上，相位差为 120°，轨道倾角为 55°，星下点轨迹重合，呈跨南北半球的上下对称的“8”字形状，交叉点的经度为 118°E。

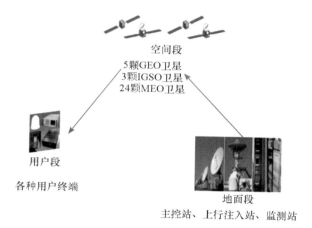

空间段
5颗GEO卫星
3颗IGSO卫星
24颗MEO卫星

用户段

各种用户终端

地面段
主控站、上行注入站、监测站

图 5 – 15　"北斗三号"系统组成

地面段包括主控站、时间同步/注入站和监测站等若干地面站，以及星间链路运行管理设施。用户段包括各类型终端设备。

2. 服务种类与性能指标

"北斗三号"相比于"北斗二号"系统，对用户提供的信号数量与服务类型均大大增加（表 5 – 3）。从信号数量上看，"北斗三号"的信号使用 3 个频段：B1（1 559.052 ~ 1 591.788 兆赫兹）、B2（1 166.22 ~ 1 217.37 兆赫兹）、B3（1 250.618 ~ 1 268.423 兆赫兹），为用户提供四种开放的信号，其中 B1I、B3I 兼容"北斗二号"的信号，另外增加了 B1C 和 B2a 两个新的民用信号，新信号与 GPS 的 L1/L5 和 Galileo 的 E1/E5 信号兼容。这两种新信号还增加了没有数据调制的导频通道，更有利于弱信号的接收。在服务类型方面，"北斗三号"系统提供基本导航服务、星基增强服务、区域短报文服务、全球短报文服务、国际搜救服务、单点高精度定位服务六种服务。

表 5 – 3 北斗全球系统服务类型

服务类型		信号/频段	播发手段
全球范围	基本导航定位	B1I，B3I	3 颗 IGSO 卫星 + 3 颗 GEO 卫星 + 24 颗 MEO 卫星
		B1C，B2a，B2b	3 颗 IGSO 卫星 + 24 颗 MEO 卫星
	全球短报文通信	上行：L 下行：GSMC – B2b	上行：14 颗 MEO 卫星 下行：3 颗 IGSO 卫星 + 24 颗 MEO 卫星
	国际搜救	上行：UHF 下行：SAR – B2b	上行：6 颗 MEO 卫星 下行：3 颗 IGSO 卫星 + 24 颗 MEO 卫星
中国及 周边地区	星基增强	BDSBAS – B1C， BDSBAS – B2a	3 颗 GEO 卫星
	地基增强	2G/3G/4G/5G	移动通信网络 互联网络
	单点高精度定位	PPP – B2b	3 颗 GEO 卫星
	区域短报文通信	上行：L 下行：S	3 颗 GEO 卫星
中国及周边地区指 75°E 至 135°E，10°N 至 55°N 的地区范围			

基本导航服务由 GEO 卫星、IGSO 卫星和 MEO 卫星向全球用户播发下行导航信号实现。下行信号可为用户提供多样化、多选择服务，并可与其他 GNSS 系统兼容与互操作。用户通过选择下行信号，可以获得单频、双频和三频服务。其中，单频用户可选择采用 B1I 或 B1C 信号，双频用户可选择采用 B1I/B3I 或 B1C/B2a 信号的组合，三频用户可选择采用 B1C/B2a /B3I 或 B1I/B2a /B3I 信号的组合。根据系统设计指标要求，用户可以获得水平与高程定位精度优于 10 米，测速精度优于 0.2 米/秒，授时精度优于 20 纳秒的服务性能。在 2018 年 12 月至 2019 年 2 月，利用分布在全球的 10 个监测站对北斗的定位性能进行评估测试，结果是水平定位精度优于 6 米（2σ），高程精度优于 10 米（2σ），水平方向测速精度优于 0.07 米/秒，高程方向测速精度优于 0.1 米/秒。如表 5 – 4 所示是基本导航服务的信号类型和参数，均为公开的开放信号。全球监测站的测试结果表明，B1C 频点的信号定位精度最高，B1I 次

之，B2a 与 B3I 稍低。

表 5 - 4　基本导航服务卫星及信号

信号	信号分量	载波频率/MHz	播发卫星
B1C	数据分量 1C_ data	1 575.42	MEO 卫星 IGSO 卫星
	导频分量 1C_ pilot	1 575.42	
B2a	数据分量 2a_ data	1 176.45	
	导频分量 2a_ pilot	1 176.45	
B1I		1 561.098	GEO 卫星
B3I		1 268.52	MEO 卫星 IGSO 卫星

星基增强系统（satellite based augmentation systems，SBAS）服务按照国际 SBAS 兼容互操作要求、ICAO 标准和建议措施中的附件 10 规范执行，利用 GEO 卫星播发定位改正信号，为中国及周边地区用户提供星基增强服务。该服务由 3 颗 GEO 卫星（分别定点于80°E、110.5°E 和140°E）通过 B1C、B2a 两个频点向用户播发，如表 5 - 5 所示。其中 B1C 频点广播的增强信号采用 ICAO 通过的 SBAS L1 标准信号体制，B2a 频点广播的增强信号采用双频多系统的 SBAS L5 标准信号体制，可以为用户提供单频双系统和双频多系统两种服务模式，其中单频双系统是利用 B1C 频点的信号播发增强 BDS/GPS 两个系统的信息，双频多系统是利用 B2a 频点播发多个 GNSS 的增强信息，使用双频测距值消除电离层延迟误差，在可用性、连续性和精度等性能指标上均有提升。目前单频性能指标满足国际民航I类精密进近指标要求，后期将同时具备对四大 GNSS 核心星座的增强能力，并实现全球范围内的飞机精密进近的垂直引导。

表 5 - 5　星基增强服务卫星及信号

信号	载波频率/MHz	调制方式	信息速率/(bit/s)	播发卫星
SBAS - B1C	1575.42	BPSK（1）	250	3 颗 GEO 卫星
SBAS - B2a	1176.45	QPSK（10）	250	

短报文通信服务包含区域短报文通信和全球短报文通信两个服务（见表
5-6）。其中，区域短报文通信服务通过 3 颗 GEO 卫星向中国及周边地区用
户提供每次最多 1 000 个汉字的短报文通信服务，相对"北斗二号"，系统容
量提高了 10 倍，用户发射功率可以由原来的 5 瓦降低至 2 瓦左右，这个发射
功率在普通的智能手机上就可实现，因此 BDS 的短报文通信功能可以支持手
机应用。全球短报文通信服务，利用北斗星间链路和 14 颗 MEO 卫星将短报
文特色服务拓展到全球区域，向全球地区用户提供位置报告、应急搜救和短
报文通信业务三类服务，形成全球短报文随遇接入能力。

表 5-6   短报文服务卫星及信号

服务类型	信号频点/MHz	发射功率/W	播发卫星
区域短报文通信	上行频率：1 610.0 ~ 1 626.5； 下行频率：2 483.5 ~ 2 500.0	优于 3	3 颗 GEO 卫星
全球短报文通信	上行频率：1 610.0 ~ 1 626.5； 下行频率：1 207.14（B2b 信号）	10	14 颗 MEO 卫星

国际搜救服务按照国际海事组织相关标准建设、运行和服务，与国际海
事组织其他搜救卫星系统联合向全球航海、航空和陆地用户提供免费的遇险
报警服务。国际海事组织系统是由美国、法国、加拿大和苏联联合开发的全
球范围的卫星遇险报警系统，由卫星、地面处理系统和搜救终端三大部分组
成。搜救终端使用 406 兆赫兹发射遇险求救信号，通过卫星转发至地面处理
系统，地面处理系统中的任务控制中心对数据进行处理分发，救援协调中心
收到数据信息后采取救援行动。

北斗卫星导航系统的国际搜救服务系统由 6 颗搭载 SAR 载荷的 MEO 卫星
组成，与国际海事组织系统一样，都可以为 406 兆赫兹信标的终端用户提供
可靠的遇险报警服务，全球国际海事组织地面处理系统及终端用户均可免费
接收北斗卫星搜救载荷下行信号（表 5-7）。此外，BDS 国际搜救服务不仅
符合国际搜救标准，还具备返向链路功能，所谓的返向链路，就是搜救系统
通过卫星向遇险终端发送报警确认信息、搜救动态等信息，返向链路可以极

大提升搜救效率和成功率。

表 5 - 7　国际搜救服务卫星及信号

信号	信号频点/MHz	播发卫星
UHF 接收	上行频率：406	6 颗 MEO 卫星
L 发射	下行频率：1 544.21	
反向链路	1 207.14（B2b 信号）	3 颗 IGSO 卫星 + 24 颗 MEO 卫星

　　单点高精度定位服务由 3 颗 GEO 卫星（分别定点于 80°E、110.5°E 和 140°E）通过 B2b 频点向中国及周边地区用户播发轨道改正数、钟差改正数、码间偏差等参数，电文协议采用自定义格式，可实现对 BDS RNSS 所有下行导航信号的精度增强，在 20~30 分钟收敛时间内用户可以获得动态分米级、静态厘米级的高精度定位服务。增强对象先期实现 BDS 精度增强，同时具备对四大 GNSS 核心星座的增强能力，详见表 5-8。

表 5 - 8　单点高精度定位卫星轨道与频率信息

信号	载波频率/MHz	调制方式	信息速率/（bit/s）	播发卫星
PPP - B2b	1 207.14	QPSK（10）	I/Q 支路各 500	3 颗 GEO 卫星

3. 系统特点

　　"北斗三号"从启动到正式提供服务，历时 13 年时间，建设过程充分吸取了其他卫星导航系统的建设经验，采取模仿、追赶、超越的路线。"北斗三号"系统无论在信号体制设计、卫星载荷设计还是增强服务方法，均开创了许多第一。

　　首创 GEO/IGSO/MEO 三种轨道混合的导航星座。为了实现利用更少的卫星达到导航、定位、授时、短报文通信等功能，BDS 首创了采用混合星座组成导航系统。GEO 卫星可以实现我国及周边地区的全天候可见，支撑短报文通信和导航增强功能，IGSO 卫星在我国的可见时间达 80%，为我国高纬度地区用户的短报文通信提供支持，MEO 卫星可以实现全球覆盖，为全球用户提供导航服务。三种卫星组合而成的混合星座，既保证了全球覆盖的导航功能，又实现了我国及周边重点地区的导航增强和短报文通信功能。

首创 RNSS 和 RDSS 两种技术体制在同一个导航系统中承载。RNSS 和 RDSS 两种体制合一，有利于用户不需要借助其他系统就能实现态势感知、位置报告等功能。

首创基本导航服务和增强服务融合建设。其他的卫星导航系统对于基本导航服务和增强服务均是分开建设，分开运营，都是先有基本服务，再发射 GEO 卫星进行增强服务建设，如 GPS 和 Galileo，这样既增加了卫星系统成本，也增加了用户终端的复杂度，因为用户既要接收基本导航服务的信号，还要接收增强服务的信号。"北斗三号"系统在建设时充分考虑了信号增强的需求，将卫星增强信息搭载在 GEO 卫星的基本导航信号中（B1C、B2a 信号），降低了用户终端的设计成本和复杂度。

首创同时建成三频点导航系统。"北斗三号"同时建成 B1/B2/B3 3 个频点，每个频点均提供民用和军用信号，这样用户可以使用多频信号定位模式提高定位精度。另外，"北斗三号"3 个频点与其他导航系统的频点均接近，用户可以在不更改接收机前端射频模块的基础上实现多系统、多频点联合定位，进一步提高定位的可用性和精度。

5.4 卫星导航接收机

5.4.1 卫星导航接收机的基本结构

• 名词解释

– 卫星导航接收机 –

卫星导航接收机是卫星导航定位系统的用户部分，是实现卫星导航定位的终端仪器。它是一种能接收、跟踪、变换和测量卫星导航定位信号的无线电接收设备，既具有常用无线电接收设备的共性，又具有捕获、跟踪和处理卫星微弱信号的能力。

卫星导航接收机及其相关技术是伴随着卫星导航定位系统的发展而逐步发展起来的。最早的卫星信号接收设备只能采集和储存定位数据，要想实现对数据的加工和处理还需要另外配备处理器和小型计算机，最终才能得到用户的点位坐标。因此，这种形式的接收机定位速度慢，定位精度也不高。20世纪90年代以来，微波集成电路和计算机技术的迅速发展，使得接收机技术日新月异。卫星导航接收机可进行如下分类。

（1）按用途分类。如图 5-16 所示为常用的三类接收机。

(a) 测量型接收机　　　　　(b) 导航型接收机　　　　　(c) 定时型接收机

图 5-16　各类型接收机

测量型接收机：主要用于精密大地测量和精密工程测量，定位精度可达厘米级。此类接收机仪器结构复杂，价格较贵。

导航型接收机：主要用于运动载体的导航，可以实时给出载体的位置和速度，定位精度一般为米级。此类型接收机价格便宜，应用广泛。此类接收机可进一步分为车载型、航海型、航空型和星载型。其中，车载型用于车辆导航定位，航海型用于船舶导航定位，航空型用于飞机导航定位（由于飞机运行速度较快，此类接收机要能适应高速运动的要求），星载型用于卫星的导航定位（卫星的运行速度高达 70 000 米/秒，对接收机的要求更高）。

定时型接收机：主要用于时间测定和频率控制，常用于天文台及电力、银行、电信等行业的系统时间同步。

（2）按测量站星距离时所用测距信号分类。

有码接收机：利用伪码和载波作为测距信号；

无码接收机：仅用载波作为测距信号；

集成接收机：利用多个卫星导航系统的信号综合测量。

需要指出的是，20 世纪 90 年代以来，无码接收机已逐渐淡出市场，但这种技术仍大量应用于测量型接收机。

（3）按接收机接收信号频点数量分类。

卫星导航接收机能同时接收多颗卫星的信号，目前的卫星导航系统中，各卫星信号至少有三个不同的频率，根据接收机接收信号频点数量的不同，可以将接收机分为单频接收机和双频/多频接收机。

双频/多频接收机接收多个频率的信号，有利于消除信号传播过程中电离层、对流层延时等误差，定位精度比单频接收机更高，但是前端射频模块的结构相对复杂，基带模块的处理过程也比单频接收机复杂。

虽然面向不同应用的接收机在设计构造和实现形式上会存在一些差异，但是它们内部基本软硬件功能块划分和工作原理大体相近。如图 5 - 17 所示为部分卫星导航接收机的实物图，卫星导航接收机归根结底作为一种传感器，主要任务在于感应、测量卫星相对于接收机本身的距离，从而确定接收机自

(a) Trimble 4000 SSE型接收机　　　　　　(b) Trimble 5700型接收机

图 5 - 17　卫星导航接收机实物图

身的位置。卫星导航接收机主要由天线单元、主机单元和电源三部分组成。

天线单元由接收机天线和前置放大器两部分组成。天线的作用是将卫星信号的极微弱的电磁波转化为相应的电流，而前置放大器则是将信号电流予以放大，便于接收机对信号进行跟踪、处理和测量。接收机对这一部分有以下要求：

（1）能够接收来自任何方向的卫星信号，不产生死角；

（2）有防护与屏蔽多路径的措施；

（3）天线的相位中心保持高度稳定。

接收机天线有下列几种类型：

（1）单板天线：结构简单、体积较小，属单频天线。

（2）四螺旋形天线：由四条金属管线绕制而成，这种天线频带丰富，全向圆极化性能好，可捕捉低角度卫星。其缺点是不能进行双频接收，抗震性能差，常用作导航型接收天线。

（3）微带天线：在厚度小于电磁波波长的介质板两边贴以金属片，一边作为底板，一边做成矩形或圆形等规则形状。其特点是高度低、质量小、结构简单并且坚固，既可用于单频机，又可用于双频机。目前大部分测地型天线都是微带天线。

（4）锥形天线：在介质锥体上，利用印刷电路技术在其上制成导电圆锥螺旋表面，也称盘旋螺线形天线。其特点是增益高，但由于天线较高且在水平方向上不对称，天线相位中心与几何中心不完全一致，因此在安装时要仔细定向并给予补偿。

接收机主机单元由变频器、信号通道、微处理机、存储器以及显示控制器组成。

变频器是将接收到的卫星电流信号与本机振荡器产生的正弦波本振信号进行混频而下变频成中频信号，并经过模数（A/D）转换将中频信号转变成离散时间的数字中频信号。进行这些处理主要是基于以下两方面事实：一是电子器件更容易处理频率较低的信号；二是数字信号处理比模拟信号处理更具优势。

信号通道是接收机的核心部分，主要完成基带数字信号处理以及导航电文解调的工作。具体而言，信号通道的作用为：

（1）搜索、索引并引导跟踪卫星；

（2）对卫星广播电文进行解扩解调；

（3）进行伪距、载波相位测量。

卫星导航接收机完成的所有工作都是在微处理机统一的指令下协同完成的。其主要工作步骤为：

（1）当接收机接通电源后，立即执行各个波道自检，适时地在视屏显示窗内展示各自的自检结果，并测得、校正和存储各个波道的时延值；

（2）根据跟踪环路所输出的数据码，解译出卫星星历，连同其他观测值一起得到接收机的位置和速度，并按照与之对应的位置数据更新率，不断更新点位坐标和速度；

（3）用测得的点位坐标和卫星历书，计算所有在轨卫星的时间，并为作业员提供可视卫星数量及其是否处于正常工作状态的信息，以便作业员选用"健康"的分布适宜的定位卫星，达到提高点位精度的目的。

存储器是接收机内部用来存储卫星星历、卫星历书、码相位观测值、载波相位观测值以及多普勒频移数据的模块。

显示控制器通常包括视屏显示窗和控制键盘。它们均安设在接收单元的面板上，在作业时，使用者通过键盘按键的控制，可以从视屏显示窗口读取所要求的数据和信息。这些数据和信息是由微处理机和相应的软件提供的。

卫星导航接收机一般使用蓄电池作为电源，既可以为机内电源，也可以为机外电源，设置机内电池的目的是当更换外接电池时不会使观测中断。

随着芯片技术的发展，电路的集成度越来越高，过去传统接收机的通用电路板卡式的结构，被如今各种芯片和模组取代了。如图 5 - 18 所示是国内外最新卫星导航接收机芯片和模组，其中 u - blox 公司的高精度定位芯片，尺寸大小为 4.0 毫米 × 4.0 毫米 × 0.55 毫米，功率小于 15 毫瓦，水平定位精度

为 1.5 米。而该公司的 u – blox F9 双频段 GNSS 模块，尺寸大小为 17 毫米 ×
22 毫米 ×2.4 毫米，模块中集成了卫星导航和惯性导航单元，能够进行组合
导航。我国近年在卫星导航领域飞速发展，也出现了许多达到国外同类产品
水平的产品，如和芯星通科技（北京）有限公司自主研发的新一代射频基带
及高精度算法一体化 GNSS SoC 芯片 NebulasⅣ（UC9810），完整兼容现有四大
全球卫星导航系统的频点技术，实现全系统、全频点接收，具有实时动态差
分的定位、定姿功能，水平定位精度可达 10 厘米，高程精度可达 20 厘米。

 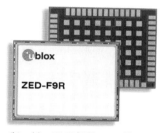 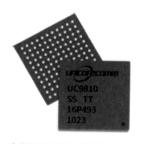

(a) u-blox的高精度基带芯片　　(b) u-blox F9双频段GNSS模块　　(c) 和芯星通的射频基带一体化芯片

图 5 – 18　国内外卫星导航接收机芯片及模组

5.4.2　卫星导航接收机的工作原理

接收机是用来接收、处理和测量卫星信号的专门设备，其主要结构大体
可分为天线单元和接收单元两大部分。天线单元的主要功能是将卫星信号的
非常微弱的电磁波转化为电流，并对这种信号电流进行放大和变频处理。而
接收单元的主要功能则是对放大和变频处理过的信号电流进行跟踪、处理和
测量。接收机要完成位置、速度和时间（position，velocity，time，PVT）解
算，需要完成以下步骤：

1. 卫星选择

接收机可以跟踪所有可见的卫星，进行全部卫星信号的解算。但考虑到
复杂性、精度和可靠性等综合因素，一般接收机只选择特定的一组卫星（至
少为 4 颗卫星）进行跟踪。

2. 卫星信号捕获

接收机使用码相关技术进行信号捕获：接收机本地复制出需要捕获卫星的信号，并通过对复制码重新排列，实现复制码与捕获卫星信号的对齐。通常，接收机使用码跟踪环和载波跟踪环来跟踪伪码信号和载波频率。

3. 下变频

将接收到的无线电频率信号转换成码基带附近的频率，然后利用模数（A/D）转换器采用同向和正交数字采样方式对转换后的信号进行采样。

4. 码跟踪

接收机使用码跟踪环对接收到的卫星信号进行跟踪，一般使用非相干延迟锁定环（delay-locked loop，DLL）鉴别器和码环滤波器对接收信号进行处理，根据滤波输出量来调整本地码产生器，保持本地码与接收码相位的精确同步。

5. 载波跟踪和数据探测

接收机通过载波环路鉴别器和载波环滤波器，对接收信号的载波进行估计，滤波器输出量用来调整频率合成器生成本地的复现载波，从而对接收信号进行解调，去除信号中的载波。

6. 数据解调

载波跟踪环锁定后，就可以将接收信号的伪码和载波进行剥离，得到调制的导航数据信息。以 GPS 信号为例，导航电文包含了卫星时钟的校正信息、卫星星历信息、卫星健康状况及电离层校正数据等，主要用来计算卫星的位置和卫星时间。导航电文以"帧"为单位，每帧由 1 500 个数据位组成，分为 5 个子帧，每个子帧包含 10 个字，每个字 30 位。每个子帧以遥测字开头，后跟一个转换字。遥测字中有 8 位信息同步头，用来给接收机进行数据同步，接收机探测到同步头，就说明可以识别每个子帧，能帮助接收机对子帧数据正确解码。

7. PVT 计算

当接收机收集到来自 4 颗卫星的伪距测量值、距离改正数和导航数据时，就可以利用三球交会定位原理，进行导航解算和 PVT 计算。

5.4.3　卫星导航接收机的应用技术

GNSS 接收机专门用来接收、解码和处理 GNSS 卫星信号，根据用户的不同需求，接收机设备各异，从应用角度上可以分为高精度、导航型和授时型。GNSS 接收机可以独立存在，比如个人车载导航设备，同时也可以集成嵌入其他相关系统中，如带有导航功能的手机系统。随着 GNSS 定位导航技术的迅速发展和应用领域的扩大，目前的接收机均做到了多系统、多频点接收，即接收机可以接收所有 GNSS 的信号和频点，例如，我们手机中内嵌的导航芯片，一般均可以接收 GPS、BSD、GLONASS、Galileo 的信号。GNSS 接收机硬件包括主机、天线和电源，主要是接收卫星发射的信号，获得必要的导航数据和定位信息，经过简单数据处理后实现导航和定位服务。GNSS 软件部分指各种后处理软件包，主要用于对观测数据进行精加工，获得精密定位的结果。随着 GNSS 卫星信号兼容性与互操作性的发展，多模双频型接收机已成为卫星导航接收机的标准配置，如可以用 GPS test 应用软件查看接收卫星的情况，界面如图 5 - 19 所示，在一般开阔地域中，对四大卫星导航系统的信号均可接收，且可观测卫星总数达 30 颗以上。部分手机还可以实现双频点信号的接收，如

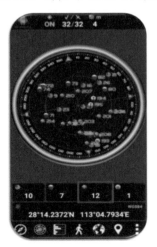

图 5 - 19　GPS test 界面

小米 8 手机，是全球首款双频 GPS 手机，能接收 GPS 的 L1 和 L5 两个频点的信号，双频信号的定位精度更高，具有更强的抗干扰能力。

1. 接收机应用类型

（1）高精度接收机（测量型接收机）

高精度接收机主要用于精密测量，一般均采用载波相位观测量进行相对定位，定位精度可达到厘米级甚至更高。近几年，测量型接收机在技术上取得了重大进展，开发出实时伪距差分（real-time pesudorange difference，RTD）定位技术和网络实时动态定位（network real-time kinematic positioning，network RTK）技术。前者以伪距观测量为基础，可以实时提供用户米级精度的位置；后者以载波相位观测量为基础，实时提供用户厘米级精度的位置。RTD 定位技术主要用于精密导航和海上定位；RTK 技术则主要用于精密导航、工程测量、三维动态放样、一步法成图等许多方面，并成为地理信息系统数据采集的重要手段。高精度信号接收机结构复杂，通常配备有功能完善的数据处理软件，因此其价格也较普通接收机贵。

（2）导航型接收机

导航型接收机主要用来确定用户的实时位置和速度，对用户进行导航，即保障用户按照预定的路线在规定的时间内到达目的地。这种接收机采用公开的民用码来进行伪距单点实时定位，精度较低（5 ~ 10 米），但它的硬件结构简单，价格便宜。导航型接收机又可分为低动态型、中动态型、高动态型 3 种类型。低动态型接收机主要是指用在一般载体上（如车辆和舰船上）的导航接收机；中动态型接收机主要是指用在速度低于 400 千米/小时的载体（如飞机）上的接收机；而高动态型接收机则指用于飞行速度大于 400 千米/小时的载体（如飞机、导弹）上的接收机。

（3）授时型接收机

精密时间参数的传送是导航卫星的常见应用之一，即卫星授时。所谓卫星授时，是指卫星系统建立并保持高精度的标准时间，通过卫星信号将这个高精度的时间传送给全球用户的过程。卫星授时具有覆盖范围广、成本低廉、授时精度高的优点，已经被各种行业和领域采用，如电力、交通、银行等。授时型接收机就是接收卫星信号获取高精度标准时间的一类接收机。这类接收机包含一个内置振荡器或外接频率源（铷钟或者铯钟）。一般有两种工作模式，第一种为位置保持模式，即接收机的位置精确已知，这时只需要接收 1 颗卫星的信号就可实现授时。第二种为位置测量模式，即接收机位置未知，通过长时间接收 4 颗以上的卫星信号进行定位，在定位的同时实现授时，但授时精度相比前一种模式稍低。用于授时的接收机一般是静止放置，因此可以先进入位置测量模式，通过长时间测量得到精确的位置信息，然后再转入位置保持模式，得到精确的授时信息。

2. 接收机的军事应用

由于 GPS 的应用时间最长，接下来主要以 GPS 为例讲述 GNSS 接收机的应用技术。从近几十年来美国在全球发动的局部战争看，GPS 导航定位技术在军事应用中发挥着越来越重要的作用，其在军事上的主要应用可分为以下几种：

为作战人员和舰艇、飞机等提供精确导航定位与授时服务。GPS 导航定位设备可以在黑暗或陌生的环境以及复杂天气条件下为海、陆、空部队提供准确的定位和时间信息，从而提高各单位间的协同作战能力，减少自身伤亡概率。在 1991 年的海湾战争中，由于沙漠中没有明显的地形特征，美、英等多国部队使用 GPS 导航定位技术，大大提高了作战能力。例如，坦克部队利用 GPS 定位实现与加油车的快速对接，炮兵利用 GPS 定位技术实现更为精确的炮击。

GPS 导航定位技术在目标侦察、C[4]ISR（指挥、控制、通信、计算机与情报、监视、侦察）系统和其他军事作战中的应用。美军发展了所谓全球感知能力，即发现、定位或跟踪地球表面上感兴趣的固定目标或移动目标，且需足够小的时延以满足作战需要。GPS 导航定位技术是实现该目标最有效的方法。为此，美国还利用高空成像技术建立起全球的地理数据。在高空成像系统中，包括高空侦察机、低轨和中轨侦察卫星，它们均使用了 GPS 导航定位技术，用于提高对目标定位的精度。在 C[4]ISR 系统中，GPS 和联合战术信息分发系统在美军对目标的侦察和监视中发挥了重要作用。

支持人员的搜索与救援。卫星导航系统的应用增强了对人员的搜救能力。美国在 1999 年对南联盟的空中打击过程中，一架美军隐形战斗机被击落，营救人员凭借 GPS 提供的位置信息，在 4 小时内将飞行员救回美军营地。

提高精确制导武器的打击能力。精确制导武器在高科技战争中担负着精确打击敌方重点战略目标的任务。据估算若打击精度提高 1 倍，可将弹药消耗量降为原来的 1/8。2011 年初，利比亚战争中，美、英等西方国家以精确打击任务、精确制导武器为核心的信息化武器装备体系日臻成熟，特别是精确制导武器的作用和地位在此次战争中再次得到了体现。

为无人化战争提供精确位置信息。未来战争将在人工智能和无人武器的普遍应用下，进一步朝着智能化、无人化转变。2020 年 1 月 3 日，美国派出 MQ－9 无人机，在高空用"地狱火"空地导弹，对伊朗"圣城旅"最高指挥官苏莱曼尼将军所乘坐的汽车进行了精确打击和摧毁。2020 年 10 月 22 日，美国发射"地狱火"空地导弹对 Al-Nusra 阵线组织核心成员宴会地点进行攻击，当场炸死 14 人。以上的智能化武器，在使用过程中需要精确的位置控制，卫星导航将提供全球范围内的精确位置，是无人武器工作的技术支撑。

GNSS 应用产业已逐步成为一个全球性的高新技术产业，而技术发展是 GNSS 应用这一高新技术产业存在和可持续发展的灵魂。无数事实证明，GNSS 应用的强大生命力和最主要的发展前景在于与其他系统的相互融合，融合也是现代电子信息产业发展的一个总趋势。因此，近些年 GNSS 技术发展的总方向是低功耗、小型化和芯片组的商业化，以及系统功能的透明化（嵌入式）和集成化。

概括地说，GNSS 技术已经在海、陆、空、天四维空间，在任何需要以动态和静态方式导航、定位及授时的设备或系统中都可以找到用武之地，并成为其中必不可少的关键技术。GNSS 能为地球表面乃至空中和近地轨道空间中的每个点赋予一个唯一的三维定位数据，因而，这一定位方式已成为一种全新的导航定位国际应用规范，并成为广域移动物体实现全球无缝隙连续导航、定位、授时的首选技术之一。GNSS 接收机在各行各业的引入和推广，已使传统的导航定位领域发生了革命性的变化，以其特有的延伸力和穿透力渗透到经济社会的每一个角落，特别是车载导航仪和手持用户机给人们带来了实实在在的便利。

5.5　卫星导航增强技术

• 名词解释

――卫星导航增强技术――

　　所谓卫星导航增强技术，是指在进行卫星导航时，利用其他信息来增强系统的导航、定位和授时性能的技术，包括卫星信息的高精度、完好性和可用性等。

　　卫星导航增强是提升系统服务性能的一项重要技术，包括精度提高、完好性增强和可用性增强。精度是指测量值与真实值的一致程度；完好性是指当卫星系统出现异常、故障，精度不能满足要求时，及时向用户发出"不可用"告警的能力；可用性是指卫星系统的功能都满足规定使用的要求从而可以正常工作的概率，一般用满足要求时连续工作时间的长短来衡量。以测绘为代表的高精度需求和以民航为代表的高完好性需求，成为卫星导航增强技术发展的两大主要方向。高精度要满足分米、厘米、毫米级的精度需求，完好性则主要体现为在系统出现故障时及时向用户告警。

　　卫星导航的用户接收机在利用卫星信号进行定位时，会受到很多误差的影响，如图 5 - 20 所示，其中包括卫星轨道误差、卫星时钟误差、卫星天线相位中心误差等与卫星相关的误差，称为广域误差；电离层延迟误差、对流层延迟误差等与信号传输路径相关的误差，称为区域误差；多路径效应误差、电磁干扰误差等与接收机所处位置相关的误差，称为局域误差；接收机天线相位中心误差、接收机硬件延时误差等与接收机个体相关的误差，称为个体

误差。卫星导航增强技术，主要用来消除和减小广域误差和区域误差，有效
提高用户的定位精度。

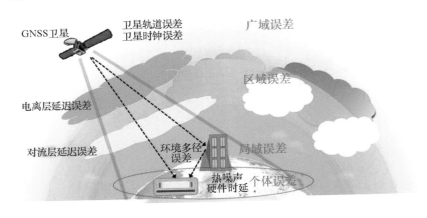

图 5 - 20   卫星导航用户定位的误差

完好性是卫星导航继精度后又一个重要指标，没有完好性保障的定位结
果，不能独立使用，只能起辅助作用。完好性在生命安全、财产安全相关领
域的应用尤为重要，特别是民用航空的导航，在提高精度的同时更需要提高
完好性，保证飞行安全。

卫星导航增强技术最初是差分增强技术，差分增强是通过对用户伪距、
载波相位有关的测量误差，以及与卫星轨道、钟差有关的广域误差，与电离
层、对流层时延有关的区域误差等进行修正，以提高用户定位精度的方法。
差分增强技术的分类有多种方式，可以分别从差分改正对象、服务适用范围
和信号播发手段等三方面进行分类：

按差分改正对象分类可分为用户域增强技术和系统域增强技术。用户域
增强是指对用户测量的伪距、载波相位观测值进行改正，系统域增强是指对
卫星轨道、卫星钟差及电离层、对流层延迟等与系统相关的误差进行改正。

按服务适用范围分类可分为局域增强技术和广域增强技术。局域增强技
术要求的基准站间隔较密，为数十千米，而广域增强技术的基准站间隔可达
上千千米；

按信号播发手段分类可分为星基增强技术与地基增强技术。星基增强技术利用卫星平台播发增强信号，地基增强技术利用地面移动基站、互联网等地面设施来播发增强信号。

以上每一种分类方法，均可以对应某类具体的增强系统。目前卫星导航增强技术（系统）已经成为卫星导航系统建设的重要部分，是卫星导航系统的"能力倍增器"。

5.5.1 差分增强技术

前面已经说过，卫星导航系统通过测量用户到卫星之间的距离进行三球交会的计算，从而得到用户自身的位置信息。用户到卫星之间的距离，可以利用卫星信号的伪距值或载波相位值测量得到，即用户的观测值包括伪距和载波相位两类。从理论上讲，它是导航信号从卫星天线相位中心到用户接收天线相位中心的几何距离。但是，卫星信号在传输过程中会受到卫星时钟误差、接收机时钟误差、相对论时差、电离层和对流层传输时延以及接收机周围反射体引起的多径效应等因素的影响，利用信号的载波相位作为观测值时还存在载波相位不确定的整周模糊度问题。所谓整周模糊度，是指用卫星无线电信号的载波波长来测量地面接收机到卫星几何距离时，能够观测到的只是波长的小数部分，波长整数部分是未知的。以上这些误差使得接收机得到的测量值本身就不准确，导致计算的位置也会出现误差。要使得定位误差减小，定位更精确，就要采取各种措施和方法来消除测量的误差。差分增强技术就是消除各种误差的有效方法。

• 名词解释

－差分增强技术－

差分增强技术是指对卫星导航观测量误差来源建立模型，计算出误差数据，然后从各种传输通道播发给用户，帮助用户对误差进行修正，以提高用户的定位精度、连续性、完好性和可用性的技术。

差分增强技术主要包括常规差分（differential GPS，DGPS）、广域差分（wide area differential GPS，WADGPS）、实时动态差分（real-time kinematic，RTK）、网络实时动态差分、精密单点定位（precise point positioning，PPP）等，每种技术都有其对应的实现系统。

1. 常规差分技术

常规差分技术的原理是在已知精确位置的坐标点建立参考站，在参考站上放置一台接收机，称为参考站接收机。需要精确定位的用户接收机，称为流动接收机。因为参考站接收机与流动接收机距离不远，一般在数千米范围内，所以对于这两台接收机而言，定位中的一些误差是相同的，如电离层与对流层误差、星历误差等，这些误差称为公共误差。流动接收机利用 GNSS 参考站接收机播发的常规差分信息，消除公共误差（包括星历误差、大气层误差、时钟误差及相关公共误差）的影响，从而提高流动接收机的定位精度。

DGPS 系统使用特高频或甚高频等通信站来传送差分信息，因此用户也需要准备专门的通信接收设备。参考站接收机播发的单频差分信号对流动接收机的作用距离有限，为 6~10 千米，定位精度为分米级，双频率差分信号的作用距离一般在 15~20 千米，定位精度可达 1~5 厘米。定位精度随着作用距离增加而逐渐减小，即越远离基准站的用户，使用基准站广播的差分信息进行定位修正，其定位误差越大。

2. 广域差分技术

相比 DGPS，广域差分技术不仅克服了差分定位精度随基线长度增大而减小的缺点，而且提高了系统的实用性。WADGPS 的基本思想是：首先通过均匀分布的地面参考站，实时接收导航卫星播发的测距观测信息，并通过联系各个地面参考站的数据网络将观测数据汇总到地面主控站；然后主控站通过大量的观测数据，分别对各种类型的误差建立数学模型；最后将外推的误差修正信息通过数据链传播到广大用户，用户可使用这些误差修正信息来提高定位精度。广域差分主要针对三类误差源建立了修正模型：卫星定位误差、卫星时钟误差和电离层延迟误差。由广域差分原理可以看出，该方法没有基准长度的概念，只要用户处于数据链路覆盖范围内，用户站就可以利用这些修正信息提高观测精度。

3. 实时动态差分技术

• 名词解释

－ 实时动态差分技术 －

实时动态差分技术是一种基于载波相位差分的实时动态定位技术，它建立在实时处理两个观测站载波相位观测值的基础之上，实时定位精度可达厘米级。

与所有基于载波相位观测量的测量方法一样，RTK 定位也存在整周模糊度的问题。但是，只要能保持对卫星的连续跟踪，以后各历元的整周模糊度就可以通过积分多普勒与第一历元联系起来。因此，只有第一历元的整周模糊度是未知的，称为初始历元整周模糊度。对整周模糊度的快速解算，将使用户的高精度和实时性同时得到满足，这也是实现 RTK 最关键的技术之一，目前使用双频 RTK 技术进行定位的实时定位精度已经达到厘米级。图 5－21 为 RTK 的工作原理示意图。

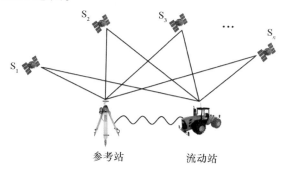

图 5－21 RTK 工作原理

4. 网络实时动态差分技术

• 名词解释

– 网络实时动态差分技术 –

网络实时动态差分技术是在某一地区建立多个固定观测站（称为参考站），这些观测站在该地区形成一个服务网，并以其中一个或多个观测站为基准进行信息解算和传输，从而对该地区的移动用户进行实时校正的技术。

相对于传统的 RTK 技术，网络 RTK 技术具有覆盖范围广、定位精度高等优点。

5. 精密单点定位

精密单点定位技术是通过伪距观测值及广播星历计算出的卫星轨道和时差，实现了传统的精密单点定位。伪距的测量误差在分米级以上，广播星历的精度在米级以上，卫星钟差的校正精度在几十纳秒内，传统单点定位的三维定位精度只能达到 10 米，只能满足一般的导航定位要求。精密单点定位法是首先利用几个全球跟踪站收集的数据进行精密定轨与卫星钟差测量，利用所获得的精密定轨与卫星钟差测量结果，对影响精确度的各种误差进行模型校正或估计，并独立地确定该接收机在地球坐标系中的精确坐标的一种方法。另外，在 PPP 中还需要考虑卫星和接收机天线相位中心差、地球固体潮、极潮、海洋负荷等因素对观测站坐标的影响。目前 PPP 模式中的静态定位已达到厘米级，动态定位已达到亚分米级。

5.5.2 星基增强系统

星基增强系统（satellite based augmentation systems，SBAS）主要包括星基完好性增强系统和星基精度增强系统。

1. 星基完好性增强系统

（1）国外的星基完好性增强系统

国外星基完好性增强系统主要包括美国的广域增强系统（wide area augmentation system，WAAS）、俄罗斯的卫星差分校正与监测系统（system of differential correction and monitoring，SDCM）、欧洲星基增强系统（European geostationary navigation overlay service，EGNOS）、日本星基增强系统（multi-functional transport satellite-based augmentation system，MSAS）以及印度星基增强系统（GPS and GEO augmented navigation system，GAGAN），具体见表 5 - 9。

表 5 - 9　国外星基完好性增强系统

国家和地区	名称	卫星数量/颗
美国	广域增强系统（WAAS）	2
俄罗斯	卫星差分校正与监测系统（SDCM）	5
欧洲	欧洲星基增强系统（EGNOS）	2
日本	星基增强系统（MSAS）	2
印度	星基增强系统（GAGAN）	3

上述都是基于 GEO 卫星的增强系统，其基本原理是通过已知精确定位信息的几个地面监测站对导航卫星信号进行观测，利用这些观测产生差分改正和完好性数据，然后通过 GEO 卫星向用户播发，从而提高 GNSS 在特定区域的完好性，同时兼具 1~2 米的定位精度。

WAAS 系统是美国联邦航空管理局提出的一种覆盖全美国的广域增强系统，旨在突破局域增强系统（local area augmentation system，LAAS）作用范围的限制。该系统不仅提高了 GPS 的准确性和完好性，而且提高了 GPS 的可用性。通过 GEO 卫星播发类 GPS 信号，再加上完好性、差分校正值、残余误差和电离层信息，WAAS 系统可以达到 1.5 米的水平精度和 3 米的垂直精度，并且把可用性从 99.5% 提高到 99.9%。

俄罗斯建立了 GLONASS 增强系统——卫星差分校正和监测系统。该系统可为 GLONASS 和其他 GNSS 卫星导航系统提供改进服务，以满足用户对精度和可靠性的要求。SDCM 类似于其他 GNSS 卫星导航增强系统，其工作原理是差分定位，该系统包括 3 个部分，即差分校准和监测站、主站处理设备和地球同步轨道卫星。

欧洲星基增强系统是欧盟自主研发的星基导航增强系统，通过提高 GLONASS 和 GPS 的定位精度，满足用户高精度、高可靠的需求。EGNOS 系统是由欧盟、欧洲航天局和欧洲航空安全组织统一规划的项目。欧盟负责对外国际合作；欧洲航天局负责 EGNOS 系统的技术论证和工程建设，并确保各类用户对 EGNOS 系统的需求能够纳入 EGNOS 系统的设计和实施之中；欧洲航空安全组织负责对民航的需求进行论证，并承担了 EGNOS 系统的主要测试任务。

日本 MSAS 系统由 2 颗多功能传送卫星（multi-functional transport satellite，MTSAT）组成，是具有多种功能的星基导航增强系统，为航空飞行提供导航和通信服务是其主要目标。该系统涵盖了日本所有的飞行服务区域，还可为亚太地区的机载用户播发气象数据信息。这个计划开始于 1996 年，并由日本气象部门和日本交通部联合执行。截至 2022 年，轨道上运行的卫星包括位于东经 140°的 MTSat － 1R 和位于东经 145°的 MTSat － 2，使用 Ku 和 L 两个频带，Ku 频带主要用来广播气象信息，L 频带用来提供导航和位置服务。

印度空间研究组织（Indian space research organization，lSRO）和印度机场管理局联合开发了 GAGAN 系统，目的是向印度境内的用户提供 GPS 修正和完好性信息，以提高 GPS 在印度航空应用中的定位精度和可靠性。GAGAN 已于 2014 年 2 月正式投入使用。该系统的空间段包含 2 个 GEO 卫星。陆地段包括 15 个参考站点、2 个主站点和 3 个上行注入站点，分布在印度境内。

（2）我国的星基增强系统

自北斗卫星导航系统正式提供服务以来，北斗星基增强系统（beidou satellite based augmentation system，BDSBAS）就成为北斗全球系统的重要组成部分和六大规划服务之一，BDSBAS 与北斗全球系统一体化相对独立建设，与北斗全球系统、北斗 PPP 服务共用 GEO 卫星及地面站资源，按照国际民航组织标准规范开展设计与建设，为中国及周边地区民航、海事、铁路等领域的用户提供高完好性增强服务，兼具米级精度增强功能。BDSBAS 具备一类垂直引导进近（APV - I）能力，填补了我国星基增强服务空白。

BDSBAS 组成分为空间段、地面段、用户段三部分，如图 5 - 22 所示，具体组成情况如下。

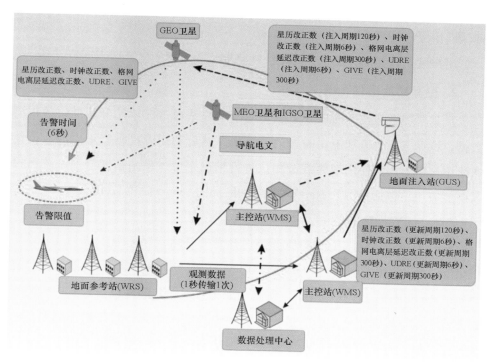

图 5 - 22　BDSBAS 系统组成

空间段：3 颗地球同步轨道卫星，卫星轨道和频点如表 5 - 10 所示，GEO 卫星有两个频点可以播发增强信号，其中 B1C 频点增强信号采用 ICAO 所确定的 SBAS L1 标准信号体制，播发增强 BDS 的单频信号，B2a 频点增强信号采用 DFMCSBAS L5 标准信号体制，播发增强 BDS 和 GPS 的双频信号。

表 5 – 10　BDSBAS 卫星轨道和频点

轨位	B1C 频点/MHz	B2a 频点/MHz
80°E	1 575. 42	1 176. 45
110. 5°E	1 575. 42	1 176. 45
140°E	1 575. 42	1 176. 45

地面段：地面段由主控站、数据处理中心、地面注入站、监测站及地面通信网组成。

用户段：包括面向民航、海事及铁路等行业应用的星基增强用户设备。

2. 星基精度增强系统

星基精度增强技术的核心思想是地面中心站通过广域差分基准站的观测数据，计算卫星轨道和卫星时差的修正值，然后利用卫星将修正后的数据传送给用户，由用户使用双频载波相位进行精确定位。星基精度增强系统已投入商业应用，包括美国的 StarFire 系统和欧洲的 OmniSTAR 系统。

（1）StarFire 系统

StarFire 系统是由美国 NavCom 公司开发的全球双频差分定位系统，该系统可随时随地提供分米级精度的连续实时定位服务。StarFire 系统能为用户提供每颗 GPS 卫星的轨道（星历）误差和卫星时钟误差的修正值，其中电离层误差修正量是根据用户站中的接收机双频观测值计算得到的每颗观测卫星的误差修正量。对天顶对流层误差修正，则是利用多个国家和地区根据不同的时间和地点，利用多个观测卫星建立的大气模型进行修正。所以，StarFire 系统是一个在全球范围内定位精度均匀的系统。

在 StarFire 系统中，全球 58 个 GPS 跟踪站不间断地对 GPS 卫星进行跟踪和测量，以获取伪距、相位等观测数据，并通过可靠的数据通信网络将这些数据传送给美国本土的两个数据处理中心。数据处理中心根据参考站发来的观测数据，利用大型计算机，精确计算 GPS 卫星的轨道（星历）误差改正和卫星钟差改正，并分发到注入站。注入站再将这些差分改正数据上传到国际海事卫星，卫星便可以通过 L 波段向全球用户播发差分信号。所以，在跟踪观测 GPS 卫星的同时，用户接收机还接收到了国际海事卫星播发的差分校正信号，通过对流层时延校正模型和双频观测数据，由接收机计算出电离层和对流层误差校正后，可实时确定用户高精度的点位值。

（2）OmniSTAR 系统

OmniSTAR 系统是一种高精度 GPS 增强系统，最初属于 Fugro 公司，在 2011 年 3 月改由美国 Trimble 公司运营，它有 3 个地面控制中心，分别位于美国、欧洲和澳大利亚，它分析和处理各参考站发送的数据，并通过数据通信链路将经过分析和确认的差分校正数据上传到注入站，以便同步卫星播发。在市场上，OmniSTAR 系统与其他同类系统相比，其主要优势在于提供的服务信号覆盖的地域更广。当前，在 OmniSTAR 信号有效作用范围内，单机实时定位精度小于 10 厘米（圆概率误差）。

5.5.3　地基增强系统

地基增强系统（ground based augmentation systems，GBAS），从狭义上讲是一种增强区域用户接收机信号完好性和精度的系统，它通常部署在机场附近，以保证飞机的精确降落。地基增强系统也包括完好性增强系统和精度增强系统。

1. 完好性增强系统

LAAS 是美国联邦航空管理局开发的一种局域完好性增强系统，专门用于引导飞机进行精确进近，LAAS 利用一个定位准确的已知基准台来生成 GPS 增强信息（包括伪距误差和完好性信息），并通过 VHF 频段信号向进近中的飞机广播，以改善机载 GPS 接收机的性能。该系统能显著提高 GPS 垂直定位的精度和安全性，可满足亚米级定位精度及 III 类完好性性能（实现告警时间小于 6 秒、风险概率 10^{-7} 的进近）。

2. 精度增强系统

精度增强系统是利用建立在区域范围内距离不超过 100 千米的若干基准

站构成参考站网络，基于载波观测值和数据通信链路为覆盖范围内的用户提供厘米级的高精度定位服务的系统。其代表系统为卫星导航定位［连续运行］基准站（continuously operating reference station，CORS）系统，是综合利用卫星导航定位、计算机、数据通信、互联网等技术，由一定区域内按要求距离建立的连续运行的若干个固定基准站组成的网络系统。

CORS 系统由数据处理中心和基准站两部分组成，数据处理中心可为一个或多个，并通过网络连接到各基准站。每个基准站一般都装备有双频卫星导航接收机、数据通信设备和气象仪器等，其精确坐标可以通过事后的静态相对定位方法来确定。数据处理中心从基准站收集资料，用软件进行处理，然后自动向不同用户发布各种卫星导航原始数据和各种类型的误差（包括轨道误差、电离层误差和对流层误差等）校正数据。在此基础上，用户通过通信网络获取上述数据，再用差分方法得到准确的用户与基准点的相对坐标值，并与基准点的相对坐标值相结合，就可以得到准确的用户坐标值，能进行厘米至毫米级的精确定位，支持各种类型的位置测量、精密定位和变形监测等应用。

CORS 系统可替代传统的大地测量控制网，形成新型的国家大地测量动态体系，可同时满足地理测绘、动态环境变化监测的需要。国外 CORS 站主要包括美国连续运行参考站系统、欧洲位置确定系统、日本 GPS 连续形变监测系统、加拿大主动控制网系统、澳大利亚悉尼网络 RTK 系统、德国卫星定位与导航服务系统等。

2014 年，我国启动了北斗地基增强系统研制建设工作，北斗地基增强系统主要由基准站、通信网络系统、国家数据综合处理系统、行业数据综合处理系统、数据播发系统、用户终端等分系统组成。如图 5 - 23 所示为其组成框图，北斗地基增强系统通过地面基准站接收导航卫星信号并实时传输到数据处理中心，经过差分处理后生成差分增强数据产品，具备移动通信、数字广播、卫星等多种播发手段，服务覆盖我国陆地及领海，实现服务范围内广域米级/分米级、区域厘米级和后处理毫米级的高精度定位。北斗地基增强系统既可以用于完好性增强，也可以用于精度增强。

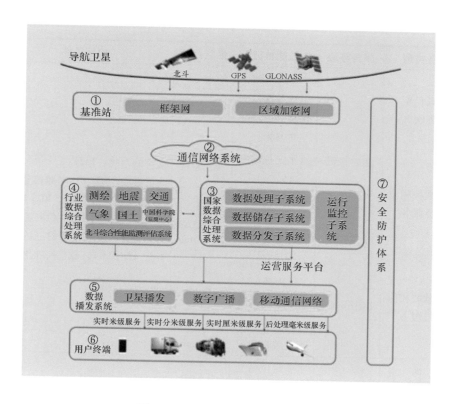

图 5 - 23　北斗地基增强系统组成

北斗地基增强系统于 2016 年完成系统第一阶段研制建设，开始提供实时厘米级、后处理毫米级服务。2017 年发布了《北斗地基增强系统服务性能规范（1.0 版）》。2018 年基本完成系统第二阶段研制建设任务，全面进入系统测试阶段。2019 年完成北斗地基增强系统验收，正式提供实时米级、分米级精度定位服务，其设计指标如表 5 - 11 所示。2019 年 5 月，对北斗地基增强系统的数据可用性，BDS + GPS 广域单频伪距、单频载波相位、双频载波相位增强，网络 RTK 增强等性能进行测试，结果表明北斗地基增强系统定位精度的服务能力满足和优于系统设计指标。

表 5 – 11　北斗地基增强系统服务性能指标

服务类型	服务等级	性能特征	性能指标	约束条件
单频伪距增强服务	实时米级	水平定位精度（95%）	≤1.2 m	支持的系统：BDS 改正对象：BDS B1I 单频信号的伪距/载波相位测量值、BDS B1I + B3I 双频信号的载波相位测量值； 观测条件：有效可用的卫星颗数 ≥6，PDOP≤2，截止高度角 10°
		垂直定位精度（95%）	≤2.5 m	
单频载波相位增强服务		水平定位精度（95%）	≤0.8 m	
		垂直定位精度（95%）	≤1.6 m	
		收敛时间	≤15 min	
双频载波相位增强服务	实时分米级	水平定位精度（95%）	≤0.3 m	
		垂直定位精度（95%）	≤0.6 m	
		收敛时间	≤30 min	
双频或多频载波相位增强服务（网络 RTK）	实时厘米级	水平定位精度（RMS）	≤4 cm	用户需注册获得服务； 支持的系统：BDS/GPS/GLONASS 改正对象：BDS B1I、B3I，GPS L1、L2、L5，GLONASS L1、L2 信号的载波相位测量值； 观测条件：有效可用的卫星颗数 ≥6，PDOP≤2，截止高度角 10°
		垂直定位精度（RMS）	≤8 cm	
		收敛时间	≤45 s	
后处理毫米级相对基线测量	后处理毫米级	水平定位精度（RMS）	4 mm	
		垂直定位精度（RMS）	8 mm	

5.5.4　低轨卫星导航增强系统

　　近几年来，低轨卫星系统蓬勃发展，其中高中低联合精密定轨与钟差确定技术及 GNSS/LEO 联合精密单点定位技术的突破，为卫星导航精密定位注入了新的动力。其中，高中低联合精密定轨与钟差确定技术的目的是采用低

轨卫星作为天基监测站，解决境外地面布站的局限问题；GNSS/LEO 联合精
密单点定位技术利用了低轨卫星信号落地功率高、几何构型变化快的特点，
缩短了精密单点定位收敛时间。

目前低轨卫星发展迅速，并呈现技术体制综合、功能任务一体化的发展
趋势，低轨卫星导航增强是当前天基导航领域的研究热点。低轨道卫星的优
点有：卫星轨道低，其运行轨道高度一般为 300 ~ 1 200 千米，用户易于获取
更高的落地信号电平；卫星运动快，有利于载波相位模糊度快速收敛；卫星
数量多，如星链（Starlink）星座，计划在近地轨道部署 12 000 颗小卫星。

国外比较知名的低轨卫星星座有铱星（Iridium）、一网（OneWeb）、星链
等。国内的鸿雁系统、虹云工程、向日葵系统也发展得如火如荼。表 5 - 12
为部分低轨卫星星座的参数表，图 5 - 24 为几种低轨卫星系统的轨道示意图。

表 5 - 12 低轨卫星参数表

卫星名称	生产商	卫星数	轨道高度/km	频段	轨道面	倾角/(°)
Starlink	SpaceX	4 425 + 7 518	300 ~ 1 325	Ka、Ku	72	53
Globalstar	劳拉公司	48 + 8	1 414	L、C	8	52
Iridium	摩托罗拉公司	66 + 9	780	L、Ka	6	86.4
OneWeb	OneWeb	648 + 234	1 200	Ka、Ku	18	87.9
鸿雁	中国航天科技集团	324	1 000 ~ 1 500	Ka、V	6	—
虹云	中国航天科工集团	156	1 040/1 048/1 175	L、Ka、V、E	—	—
O3b	泰雷兹	16 + 26	8 000	Ka	2	70
LeoSat	泰雷兹	108	1 400	Ka	6	—
波音	波音公司	2 956	1 200	V	35 + 6	45、55

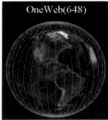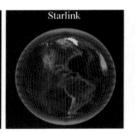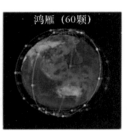

图 5 - 24   几种低轨卫星系统轨道示意图

其中星链星座是近几年来发展迅速的低轨卫星系统，截至 2021 年 2 月底已发送 1 145 颗组网卫星，目前在轨运行的卫星有 1 081 颗。星链星座的制造商 SpaceX 曾在 2019 年向美国联邦通信委员会提交了增加 3 万颗卫星的申请，使星链星座编队飞行的卫星数量达到 4.2 万颗。

随着人类的脚步进入外层空间，太空争夺的斗争日趋激烈，这给太空的各种飞行器（包括卫星）带来了严峻威胁，对于导航卫星而言，同样面临重重危机。而对付卫星的捷径便是用反卫星武器直接摧毁。目前虽说还没哪个国家敢随便地进攻敌对方的卫星，但在未来的信息化战争中，这种情况难以避免，各军事强国正在不遗余力地大力发展各种反卫星武器，以在战争中摧毁敌方卫星。低轨卫星数量众多、成本较低，部署快速灵活，因而被完全摧毁的可能性较小。因此，在低轨卫星上搭载导航载荷，作为北斗卫星导航系统的备份，利用低轨卫星轨道变化快的优势，实现单星粗定位，不失为一种可行的备份办法。

1. 铱星增强 GPS 系统

美国波音公司于 2002 年提出一种将 GPS 与铱星结合在一起的增强导航系统，即 iGPS，它是一种 LEO - MEO 卫星组合导航和授时系统；2007 年，波音公司对 iGPS 进行了抗干扰测试，iGPS 能够抵御恶意和无意干扰，吸引了美国军方。2009 年，iGPS 验证了在运动车辆受到干扰时捕获 GPS 信号的能力；2013 年，铱星公司计划在下一代卫星上装载 iGPS 载荷，播发宽带扩频码信号，调制导航电文信息。2016 年 5 月，铱星公司宣布开通其"Satellites 时间与位置"系统，称这一新系统可以作为 GPS 的替代或伴随方案。

铱星系统是世界上第一个被提出的低轨道全球卫星通信系统，1998 年由摩托罗拉公司推出，被称为"技术奇迹"。该系统的名字来源于最初计划中由 77 颗围绕地球旋转的卫星组成的卫星星座，类似于化学元素"铱"中 77 个电子围绕原子核旋转，因此被命名为铱星系统。之后，在对系统的最初设计做折中处理之后，星座中的卫星数量减少到 66 颗（共发射 95 颗）。表 5 – 13 为铱星系统的参数概况。

表 5 – 13　铱星系统参数概况

项目	参数	备注
轨道类型	近圆轨道	
轨道高度/km	780	20 200（GPS）
轨道倾角	86.40°	
通信体制	FDMA/TDMA/SDMA L 波段	每颗卫星最多可提供 3840 条信道
星间链路	Ka 波段	
点波束数/卫星数	48	
轨道周期	100 min 28 s	

铱星系统打破了许多宇航工业的规则，如：

（1）卫星没有使用宇航级别或认证的部件；

（2）卫星没有在无尘车间制造；

（3）卫星在像汽车生产线一样的移动流水生产线上组装，平均 5 天就能制造一台；

（4）卫星的设计寿命只有 5 年，但目前已经远远超过这个期限。

铱星系统的基本目标是向携带手持式移动电话的铱星系统用户提供全球个人通信业务。2000 年 3 月 18 日，铱星公司宣告破产，2001 年成立新的铱星公司。新的铱星公司正在开发第二代铱星星座（Iridium – NEXT），共 81 颗卫星（66 颗替代现有星座，6 颗在轨备份，9 颗地面备份），现有的铱星卫星星

座继续保持运作，直到 Iridium – NEXT 全面运作。如图 5 – 25 所示为铱星卫星
的效果图。

图 5 – 25　铱星卫星效果图

铱星星座由 66 个低轨道卫星组成，主要用于全球通信。卫星发射 L 波段
1 662 兆赫兹的载波，使用 QPSK 调制，符号速率为 25 000 比特/秒。发射信
号是基于帧的格式，每帧长度为 90 毫秒。铱星运动速度约为 7 500 米/秒，对
地面接收用户来说形成约 ±40 千赫兹多普勒频移。与 GNSS 信号相比，铱星
信号的落地功率要高得多（高出 GNSS 约 300 ~ 2 400 倍），当 GNSS 信号被阻
隔时，如在室内定位、城市峡谷等情况下，铱星定位十分具有吸引力。

不同于 GNSS 卫星，铱星使用点波束把发射集中于相对较小的地球表面，
每个卫星支持 48 个点波束。铱星复杂的点波束覆盖，再加上随机广播信号，
提供了独特的基于位置的安全认证机制，可以有效预防欺骗干扰。此外，铱
星在 LEO 上的快速运动会产生明显强于中轨道 GPS 卫星的多普勒频移特征，
进而可以利用多普勒频移特征进行独立定位。

铱星系统的组成也可以分为空间段、地面段和用户段。

（1）空间段

空间段实际上就是 GPS 和铱星的联合星座。铱星系统是第一个实现全球
无缝覆盖的卫星通信系统，也是第一个大规模采用星间链路的卫星通信系统，
能够为用户提供优质的话音、数据、传真和寻呼等业务。铱星系统是由六个

轨道面组成的极轨星座，每个轨道面有 11 颗工作星和 1 颗备份星。

铱星系统卫星轨道高度为 780 千米，轨道周期为 100 分钟 28 秒，轨道倾角为 86.4°，同向运动的轨道面（即轨道面 2～5）之间的间隔为 31.6°，反向运动的轨道面（即轨道面 1 和 6）之间的间隔为 22°。每颗卫星包括四条 15 兆赫兹带宽的星间链路，其中两条用于与同一轨道面内前后相邻的卫星之间进行通信，另两条用于与左右相邻轨道面上邻近的卫星之间进行通信。铱星卫星的时钟达不到原子钟的标准，但是其时钟漂移可以有效地建模，进而可以消除误差。

铱星系统采用 GSM 通信体制，带宽为 10.5 兆赫兹，采用时分多址（time division multiple access，TDMA）和频分多址（frequency division multiple access，FDMA）相结合的多址接入技术；帧长度为 90 毫秒，每个时隙为 8.28 毫秒，可以传 4 路通话；子频带的宽度为 41.67 千赫兹，共有 240 个频带。由于系统容量大，闲置频带上的时隙可以用来传输导航信息，同时可以利用伪随机码来测距。铱星卫星信号包括通信信号、军用导航信号、商用导航信号、民用导航信号。在作战区域内，为了保证军用信号的正常使用，同时阻止敌方使用商用和民用信号，可以在铱星卫星引入窄带白噪声，这样使得民用和商用信号不可用，军用信号是宽带信号，所以不受影响。如果只要阻止敌方使用商用和民用信号，也可以直接关闭此区域内铱星卫星的点波束。

（2）地面段

铱星/GPS 系统地面段包括 GPS 地面段、铱星系统地面段和一个参考站网络，这个参考站网络用来接收铱星卫星信号和其他测距信号（比如地面蜂窝网、广播网、Wi-Fi、WiMAX 等）。

GPS 地面段的主控站通过收集和处理分布在全球的六个地面监测站的测量值，产生卫星星历与时钟估计和预测，构造和发送导航数据电文；控制卫星的原子频标，监测它们的性能，估计卫星时钟偏移、漂移量和漂移率（仅对铷钟而言），产生导航数据电文中的星钟改正数；监测导航服务的完好性，对于在主控站和卫星之间的数据流，主控站要确保所有导航数据电文正确地上载和发送。铱星系统地面段也有类似的结构。尽管铱星卫星不能被连续地跟踪，但是一天中可以观测几次。

Iridium/GPS 系统地面段包括一个地面参考站网络，组成网络的全球参考站数目小于 30 个。参考站用来估计时钟偏差、信号结构、发送者的位置或者测距信号源的星历，根据每个测距信号源的特性提供其校正信息。由于铱星系统强大的数据传输能力，可以允许其传输更多的时钟和星历修正参数来提高系统性能，而在 GPS 和 WAAS 中则不可能。

（3）用户段

用户段包括所有的 Iridium/GPS 系统接收机，分为手持、车载、机载等不同的类型，兼具通信和定位功能。接收机使用石英晶体作为振荡器，长期稳定度低，在用户计算位置信息时需要考虑时钟稳定度的问题。另外由于铱星信号频率（1 624 兆赫兹）和 GPS 的 L1 信号频率（1 575.42 兆赫兹）相近，所以接收机共用一个天线来接收铱星信号和 GPS 信号。

铱星/GPS 系统支持接收机的上行数据链路传输，即接收机获得 GPS 时间和 UTC 时间，通过一个单向的上行协议建立一条上行数据链路，向铱星发射信号。多个接收机通过采用合适的多用户协议，可以共享这条数据链路。基于抗干扰和低截获/低探测概率考虑，上行数据链路采用扩频通信体制，使用伪随机码进行调制。

2. 低轨卫星导航增强工作模式

（1）辅助 GNSS 捕获

铱星载荷上采用成本较低的晶体振荡器来生成通信信号并维持系统时间，短时间间隔内，这些时钟非常稳定，但是当时间超过 100 秒，这些时钟的偏差和漂移相比 GPS 卫星上的原子钟要大得多，可以采用一定的算法估计铱星时钟偏差，估计精度可达 200 纳秒，通常铱星每天至少需要与地面站进行两次钟差和钟漂校正，钟差和钟漂比较大的铱星还需要被多次校正。

为了有效地将铱星星座用于 GPS 增强，必须知道铱星的位置，并且准确地估计铱星时钟及其相对于 GPS 系统的时差。铱星之间使用星间链路获得铱星星间相对时差，并通过下行链路传递给参考站；每个地面参考站使用 GPS 的 L1 信号，配有铷钟的接收机校准到 GPS 系统时，同时获得铱星下行链路测量数据。这样，所有地面参考站收集了参考站与 GPS 系统的时差测量数据、与铱星的时差测量数据以及铱星星间时差测量数据，通过地面网络控制链路送到操控中心进行综合处理，从而获得铱星的星历和时钟偏差，通过上行 K 波段通信链路注入铱星。

想要确定时钟偏差，必须准确知道铱星的位置。这是通过铱星的星历数据计算出来的，精度能达到 20 米。而地面参考站的位置通过 GPS 精密单点定位方法得出，其精度可达到 10 厘米。对下行链路测量以每秒 1 次的频率进行，每次持续 3～10 分钟。

总之，铱星星座是通信系统，并且不是为导航或时间同步而设计的，这样就在实现铱星增强导航系统时引入了有趣的挑战。特别是在没有原子钟载荷的条件下，铱星需要实时估计每个卫星的时钟偏差。

（2）可视 GNSS 卫星不足时增强 GNSS 测量

由于受遮挡等原因，当用户接收机在可视范围内可观测的 GNSS 卫星数量不足时，可以使用铱星作为附加的测距源，弥补测距卫星不足的问题。

（3）独立于 GNSS 卫星直接计算位置

类似子午仪卫星导航系统的方式，利用铱星的多普勒定位模式，可实现深度室内定位。相比全球导航定位系统，铱星的单星多普勒定位精度虽然较低，定位时间较长，但是该方法在诸多方面有着独特的优势。首先，目标仅需在一颗星的空间环境下即可实现对自身的定位，因此该方法具有较强的环境适应性，应用更为灵活；其次，单星定位系统应用比较灵活，将相关载荷搭载到低轨卫星即可，部署简单，成本较低。

3. 低轨卫星导航增强系统优势总结

基于低轨卫星的导航增强系统应用于导航方向，预期有以下几个方面的优势：

（1）卫星轨道低，用户易于获取更高的落地信号电平，实现对敌方干扰信号的反压制；

（2）可以通过低轨卫星转发导航卫星的导航电文，利用其较强的信号链路实现时间频率稳定度传递；

（3）卫星运动快，有利于载波相位模糊度快速收敛，实现高精度定位；

（4）可以作为卫星导航系统的备份，利用低轨卫星轨道变化快的优势实现单星粗定位；

（5）通信、导航等多功能融合发展有利于降低卫星制造成本。

当前低轨卫星发展迅速，并呈现出技术体制综合、功能任务综合的发展态势。另外，利用低轨卫星进行导航增强，实现用户抗干扰能力的提升，也是导航战下抗干扰的重要手段，具有独特的优势。

5.5.5 辅助型 GNSS

1. GNSS + 5G

5G 的增强带宽、海量连接和超低延时三大特性，使其成为网络的关键基础设施。卫星导航系统是为全球用户提供位置服务的国家重要空间基础设施，能提供实时导航、快速定位、精确授时和位置报告等功能。GNSS 和 5G 的高度融合，将实现万物在空间上的精确协同。

GNSS 与 5G 的深度融合可以实现导航通信一体化发展，GNSS + 5G 将成为时空互联体系的基石，并与人工智能、物联网和大数据等计算机、智能和信息通信技术进行深度融合。概括起来 GNSS + 5G 可以有以下几个一体化融合的方式。

（1）网络一体化融合

5G 接入网络与支持 GNSS 高精度定位的地基增强系统都要在全国范围部署设备，因此，在建站点的维护具有融合优势，从整合资源、避免重复建设的角度，可以把两张网络的建设和运维进行统一考虑。

（2）定位能力一体化融合

卫星导航系统尽管可以覆盖很广的区域，但仍然存在着局部区域被遮挡而造成的定位盲区。与此同时，5G 基站密集部署，不仅能有效覆盖这些户外遮蔽区域，补充 GNSS 在户外的盲点，而且能全面覆盖 GNSS 信号不能传递的室内区域，因此二者在定位服务上的一体化融合可以构建更加全面、完整的定位能力。

（3）数据传输一体化融合

作为 GNSS 高精度定位技术之一的网络 RTK 技术，需要将基准站网络的卫星观测数据传回中心平台，通过 5G 网络进行高效的数据回传是必然的选择。

2. 辅助 GNSS

当 GNSS 接收器处于城市、室内等环境中时，接收信号被严重遮挡，造成信号衰减，到达接收器的信号功率非常微弱，要衰减 10 ~ 35 分贝。而传统 GNSS 接收机由于不能实现定位功能，限制了 GNSS 接收机的应用范围。当前，在城市及室内环境中，个人定位通常采用蜂窝网络的无线定位技术，但也存在一些不足，如网络容量受到限制，定位精度较低；也有使用无线局域网、超宽带技术、惯性导航系统辅助、电视信号和伪卫星等技术进行室内定位，但这些技术中有的定位精度难以满足用户要求，有的在覆盖有限的情况下需要大量投资。

针对以上问题，出现了辅助型 GNSS（A - GNSS）定位技术，A - GNSS 系统结构简图如图 5 - 26 所示。

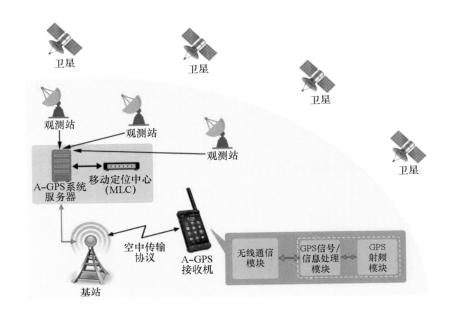

图 5 – 26   A – GNSS 系统结构简图

· 名词解释

– A – GNSS 接收机 –

利用 A – GNSS 定位技术的接收机称为 A – GNSS 接收机，它的最大特点是能够通过其他方式（如无线通信网络），从网络中获得辅助信息（如接收机的大致位置、卫星星历、星钟校正参数等），辅助接收信号并完成定位解算。

A – GNSS 接收机定位方式一般可分为三种类型：自主定位方式、基于网络辅助方式和基于网络定位方式，如表 5 – 14 所示。当接收到卫星信号的功率足够大时，接收机可以自主地完成信号的接收和定位解算，而无须依赖辅助信息，这就是自主定位方式；当接收机处于恶劣信号环境中时，其接收信号非常微弱，以致自主定位方式不能正常工作，这时接收机需要从网络上获得辅助数据，辅助接收机完成信号接收和定位解算，这种方式称为基于网络辅助方式；接收机利用辅助数据接收卫星信号后，将测量信息传回网络内的服务器或处理器进行定位解算，这种方式称为基于网络定位方式。

表 5 - 14　A - GNSS 接收机的三种工作方式

	自主定位方式	基于网络辅助方式	基于网络定位方式
辅助数据	—	接收机概略位置和时间、卫星星历、星钟改正参数、伪距修正参数	可见卫星列表、载波频偏、伪码相位、卫星仰角和方位角等
输出信息	位置、速度、时间	位置、速度、时间	伪距观测量或伪码相位、本地伪距测量时间、载波频偏、载噪比等
位置计算	在接收机中	在接收机中	在网络中

目前在应用领域中，一般采用的是 A - GNSS 接收机与手机终端相结合的方式，利用蜂窝网中的无线信号获取辅助数据，即采用的是基于网络辅助方式。GNSS 定位技术与蜂窝网中无线定位技术相结合，提高了终端的定位精度、可用性和可靠性。

整个 A - GNSS 定位系统由四部分组成：

广域 GNSS 卫星跟踪网络。该网络由多个 GNSS 观测站组成，可对网络范围内所有可见 GNSS 卫星进行全时段连续跟踪，并将此信息实时传送到 A - GNSS 系统服务器。

A - GNSS 系统服务器。服务器使用对卫星跟踪网络观测的 GNSS 卫星数据建立模型，为 A - GNSS 接收机在网络覆盖范围内提供辅助信息。

移动定位中心。能够对 A - GNSS 系统服务器提供的辅助数据进行压缩，并由基站发送到 A - GNSS 接收机，还可以通过基站接收 A - GNSS 接收机的测量信息来计算接收机的位置坐标。

A - GNSS 接收机。它有别于一般 GNSS 接收机，集成了无线通信模块，能够从网络中接收辅助数据。

通过网络辅助定位，接收机第一次定位时间可以由 30 秒缩短至 1 秒左右，接收灵敏度提高 10 分贝以上。当前 A – GNSS 的研究，主要集中在通过通信系统的辅助信息，减少伪码相位搜索的不确定性、载波频偏的不确定性，以及通过辅助来提高信号捕获和跟踪的灵敏度。通过信息辅助，使接收机具有码片层次的时间同步精度和高精度的载波信息，使接收部分仅需解算伪距的小数点，从而提高了捕获速度，提高了信号跟踪的灵敏度。

3. 导航通信一体化

• 名词解释

– 导航通信一体化 –

导航通信一体化就是将通信与定位导航融合起来，在为大众提供移动宽带通信的同时，也使实时定位信息成为数字化城市的基础信息，并通过宽带互联网进行共享和应用。

经过 20 余年的不懈努力，北斗卫星导航系统完成了全球组网，成为当今世界最先进的卫星定位系统之一；同时，5G 也成为了中国科技新名片。北斗卫星导航系统的成功和 5G 的快速发展使我们增强了技术信心。

导航通信一体化建设是国家基础设施建设的一个重要项目，通信与导航、定位、授时功能是现代社会运行的基础，它们在基础设施建设、终端应用等方面有很大的相似性和重叠性，二者的结合发展可以减少系统的重复建设，同时也可以提供更好的导航、定位、授时服务性能。

卫星导航系统与无线通信系统有许多共同点，主要包括：

（1）卫星导航系统与无线通信系统都是以无线电为传输载体，是无线电的不同应用方式，在物理基础上是相通的。

（2）二者均需要广域覆盖（最好是全球覆盖）的基础设施，因此可以共用星基或陆基基础设施。

（3）时间和位置信息在当前和未来的移动信息系统中越来越重要。

同时卫星导航系统与无线通信系统也存在不少差异，具体包括：

（1）覆盖方式上的差异。无线通信系统大多是单重覆盖。所谓单重覆盖，是指用户只接收一个信息源发送的信息即可工作，通信中通过此种方式可降低来自其他小区的信号的干扰。卫星导航系统需要多重覆盖来提供几何定位所必需的参考位置，也就是用户要能同时接收 4 颗以上卫星的信号才能工作。

（2）信号及传输目标的差异。卫星导航系统与无线通信系统的信号优化目标不同，通信追求高信息速率、低误码率，而导航需要高时延精度和多普勒精度；通信允许非直达信号，利用多径分集提高传输容量，而导航利用直达信号实现准确定位，非直达信号引起的多径效应直接影响定位精度。

（3）卫星导航与无线通信的信号接收处理关注点不同，如图 5 - 27 所示，通信关注信息的解调，即如何正确恢复信息；而导航除了正确恢复信号外，还需要进行准确测量，同时信息解调也同步进行，为的是获取星历等调制在卫星信号中的信息。从信号处理复杂度角度来看，卫星导航接收机要比无线通信接收机需要考虑的方面更多，处理要求更严格。

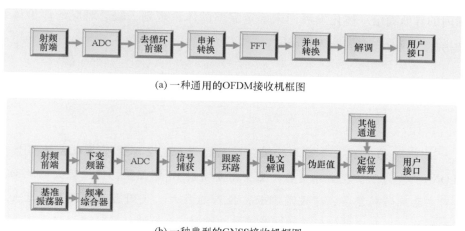

(a) 一种通用的OFDM接收机框图

(b) 一种典型的GNSS接收机框图

图 5 - 27　无线通信接收机和卫星导航接收机对比

由卫星导航系统与无线通信系统的相同点与不同点可知，卫星导航系统与无线通信系统的设计约束不同，卫星导航系统更关注定位的精度和完好性，而无线通信系统更关注通信的效率和容量，具体如表 5 - 15 所示。

表 5 – 15　卫星导航与无线通信设计约束比较

项目	差异比较
覆盖及定位方式	通信：单站单重覆盖为主（蜂窝网） 导航：多源多重覆盖（三角几何定位原理，卫星导航）
传输目标和条件	通信：关注效率和容量，不要求直达信号，窄波束 导航：关注时延精度，直达信号，恒包络宽波束
接收机	通信：多频段、随时接入、容量受限 导航：多体制、连续跟踪、无源导航容量不受限

目前针对通信导航一体化的研究已经有了一定的进展，主要方向包括通信链路增强导航系统、通信链路独立建立导航定位授时体系两种，后者又可分为简单基于通信系统的导航定位授时信息提取和深度通信系统与导航定位授时体系融合设计两大类，涉及的技术包括基于陆地移动通信系统的定位技术、基于 Wi-Fi 的定位技术、A – GNSS、数据链通信系统等，美国正积极研发的空间通信与导航也是一套深入融合通信与导航的深空通信导航系统。目前国内的导航通信一体化发展尚未确定完整的体系规划，缺乏对应的评价体系和指标，尚有许多问题需要研究。

• 扩展阅读

– "北斗一号" 系统的建立 –

20 世纪 80 年代，美国与苏联分别大规模开发全球卫星导航系统 GPS 和 GLONASS，为了实现全球覆盖，至少需要发射 18 颗卫星，建立庞大的地面监测网，系统研制复杂，建设周期长，投入经费大。我国当时在国家财政并不富裕的情况下要建类似的系统明显是不现实的。"两弹一星" 功勋科学家、世界著名测控专家、"863" 计划的发起人之一，同时也是国防科技大学电子科学学院兼职教授的陈芳允院士，于 1983 年提出了利用两颗地球静止轨道卫星实现区域性快速导航定位兼具通信功能的设想。

1987 年 6 月，陈芳允、刘志逵等人发表题为《发展我国的星基定位通信系统》的论文，论文系统论述了双星快速定位通信系统的构想、系统性能和应用，在理论上证明了双星快速定位通信系统的可行性。

1989 年 9 月 25 日，首次"双星快速定位通信系统"的演示实验在北京进行。演示实验结果表明系统定位精度可达 20 ~ 30 米（σ），具有双向授时功能，精度达 3 ~ 6 纳秒（σ），兼具短报文通信功能。

1994 年，双星定位系统被列入了国家"九五"计划，正式开始了工程建设工作。卫星平台采用了中国空间技术研究院的"东方红三号"卫星平台，经过 7 年的研制工作，2000 年 10 月 31 日和 12 月 21 日，一共成功发射了 2 颗北斗卫星，这 2 颗卫星的成功发射和运行标志着中国"第一代卫星导航系统"正式建立。

- 短报文通信频度的问题 -

短报文通信是北斗系统的特色，北斗全球系统使用 3 颗 GEO 卫星向中国及周边地区用户提供区域短报文通信服务，区域短报文通信服务包括公开和授权服务，公开服务向中国及周边地区用户提供收费服务，授权服务向中国及周边地区军事用户提供免费服务。

北斗全球系统的区域短报文通信服务，单次短报文最大能发送 14 000 比特信息（约相当于 1 000 个汉字），系统服务频度平均为 1 次/30 秒，用户终端发射功率小于 3 瓦。

为何我们手上的用户机，只能 1 分钟或者 5 分钟发送一次短报文呢？这是由系统传输带宽和服务能力共同决定的，国际电联分配给北斗短报文的带宽为 16 兆赫兹/秒，根据香农定理，在信号强度和信号带宽一定时，信道容量（单位时间内能传输的信息量）也就固定了。所以为了使其他的用户也能得到服务，就要合理规划每个用户的服务频度，不能太高，也不能太低。同样道理，当同一时间内发送短报文的用户太多时，系统会因响应不过来而造成通信失败，所以基于以上的考虑，用户的服务频度通常大于 1 分钟。

- 星链系统的影响 -

SpaceX 公司最早从 2019 年开始实施星链项目，计划一共发射 4.2 万颗卫星组成星链网络，为全球提供卫星互联网服务，目前已经发射了约 2 000 颗卫星。随着越来越多的星链卫星发射入轨，星链带来的影响不仅是改变了全球互联网格局，而且对航天器安全、天文观测、国家领空安全产生了巨大影响。

2021 年 7 月和 10 月，星链卫星先后两次接近中国空间站，在此期间中国航天员正在空间站内执行任务，出于安全考虑，中国空间站组合体分别实施了两次紧急避碰措施。而在此之前，2019 年 9 月 2 日，星链卫星也险些与欧洲航天局的"风神"气象卫星碰撞，欧洲航天局紧急变轨，才避免事故发生。2021 年 4 月，星链卫星与英国的 OneWeb 公司的卫星互联网卫星仅仅间隔57.9 米，几乎要碰撞。

随着越来越多的星链卫星进入太空，天文观测也受到很大影响，特别是在黎明和黄昏时分。天文学家通过对 2019 年至 2021 年间的巡天望远镜拍摄的天文图像进行分析，发现拍摄图像中出现了 5 301 条星链卫星组成的轨道痕迹，被星链卫星影响到的天文图像数量比原来增加了 35 倍，如图 5 - 28 所示。

除此之外，在国家领空安全方面，星链作为低轨卫星系统，距离地球只有几百千米，在卫星上采用相控阵天线，结合软件无线电技术，就可以实现通信、雷达、电子干扰、导航欺骗等多种功能，从而实现太空电磁空间封锁。某团队通过计算机模拟仿真，星链星座对多达 350 枚洲际弹道导弹弹头成功进行了在轨拦截。低成本、超多数量小卫星，还可以相互之间组网形成"天基云计算"平台，能打造无人机集群作战的"天基大脑"，如图 5 - 29 所示。

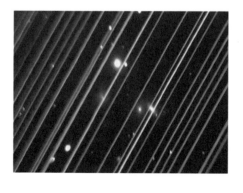

图 5 - 28　被星链卫星影响的天文观测图片

图 5 - 29　星链卫星布满地球

第 6 章

组合导航及新型导航系统

> 能用众力，则无敌于天下矣；能用众智，则无畏于圣人矣。
>
> ——孙权

卫星导航系统能高精度、全天时、全天候地为全球用户提供导航、定位、授时服务，成为当前的主要导航手段，渗透到了国防和国民经济生活中。但是，卫星导航系统也具有脆弱性，一旦信号受干扰或遮挡，导航服务将中断，因此如何在卫星导航信号拒止情况下保持高精度的导航、定位、授时服务性能，也成为下一步技术发展热点和研究趋势。

多种导航系统的组合，在卫星导航信号拒止情况下，一定程度上可实现高精度、高可靠的导航性能。

科学技术的发展驱动各种新型导航系统的出现，它们将不再依赖于传统的无线电、声波、牛顿力学等理论，在导航介质、导航原理、导航方法等方面也出现了根本性的改变。脉冲星导航和量子导航是近年来出现的新型导航技术，脉冲星是利用测量高能光子到达用户的时间差来进行定位，量子导航是在量子力学理论和量子信息论的基础上发展起来的新一代导航技术，其导航所用信息的产生、测量与传输均有量子的参与，利用量子纠缠、量子压缩等特性来实现导航信息测量的安全性和准确性，在很大程度上解决了传统导航系统面临的精度、可靠性、安全性问题。

6.1　组合导航

在信息化时代的今天，任何一种单纯的导航手段均难以满足人类与日俱增的导航需求，组合导航技术由于能够将若干种优势互补的导航手段结合起来，达到"1＋1＞2"的显著效果，已成为导航领域最具发展前景的技术之一。

常见的组合导航有两种类型：其一，无线电导航系统之间的组合，以 GNSS/罗兰 – C 为代表；其二，以惯性导航为基础的组合导航系统。

第一种类型的组合导航是无线电导航系统之间的组合，参与组合的无线电导航系统必须具有互补的特性，如 GNSS 与罗兰 – C 之间的区别归纳起来是"三高"对"三低"，即天基（GNSS）对地基（罗兰 – C）、高频信号（GNSS）对低频信号（罗兰 – C）、低信号电平（GNSS）对高信号电平（罗兰 – C）。因此可见两种系统同时失效的可能性很小，因此将两者进行组合，有客观的物理基础。只要通过 GNSS 的时间传递功能，就可以同步不同台链的罗兰 – C 发射机，用户通过不同台链罗兰 – C 台发射的信号，利用三球交会定位原理进行定位，大大提高了导航系统的可用性。此外，可以通过将 GNSS 伪距测量值与罗兰 – C 的时差相结合，提高用户定位的完好性，并检测和隔离 GNSS 故障，当 GNSS 性能出现短暂降低时，这种组合效果变得非常明显。

第二种组合导航是以惯性导航为基础的组合导航系统，最常见的是惯性/卫星组合导航（INS/GNSS），这不仅仅因为两者均是全天时、全天候、全球的导航系统，更由于它们都可以提供多样的导航信息。两者优势互补并能够弥补各自的缺陷，使 INS/GNSS 的使用越来越广泛、越来越丰富。

随着应用领域的拓展和使用要求的提高，还出现三个或三个以上导航系统相组合的模式，如惯性导航/卫星导航/景象匹配系统的组合，惯性导航/卫星导航/里程计/3D 激光雷达的组合等。下面将介绍惯性/卫星组合导航系统、惯性/天文组合导航系统、惯性/数据库匹配组合导航系统等三种经典的组合导航系统。

6.1.1 惯性/卫星组合导航系统

INS 是一种自主性强、隐蔽性好、不受气象条件限制、短时精度高的导航系统，它除可以提供载体的位置和速度外，还可以给出航向、姿态和航迹角等；同时具有数据更新率高、短期精度高和噪声小的优点。然而，INS 单独使用时，定位误差随时间而积累，每次使用之前初始对准时间较长，这些对执行任务时间较长或要求有快速反应能力的应用来说，无疑是严重的缺点。

卫星导航系统具有较高的精度和较低的成本，导航误差不随时间累积，但是存在信号容易受到遮挡或干扰、数据更新率低及动态环境中可靠性较差等问题。以 GPS 为例，GPS 系统向全球用户开放的 L1C/A 码提供的水平定位精度为 10 米（CEP），垂直定位精度为 22 米（2σ），授时精度 40 纳秒（2σ）。但是当 GPS 信号受到遮挡或干扰时，其定位结果与实际位置相差数百米，当受遮挡、多路径效应影响或干扰使得可见卫星数量小于 4 颗时，将导致卫星导航接收机无法定位。图 6 - 1 给出了在城市区域，由于高楼林立，GPS 信号受遮挡或产生较明显多路径效应的示意图。

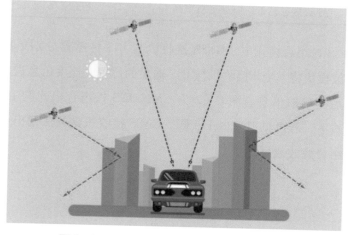

图 6 - 1　GPS 信号在城市区域受遮挡示意图

如表 6 - 1 所示为 GNSS 和 INS 的特点，两者具有良好的互补特性，应用最优估计理论将两者导航信息进行融合，就可以提高系统的整体导航性能及导航精度，这种组合在业内被称为"黄金组合"。

GNSS/INS 的组合模式有三种，松组合、紧组合和深组合模式，其中松、紧组合模式是目前 GNSS/INS 组合导航产品的主流，它们均是在 GNSS 接收机输出的导航数据辅助下利用 INS 信息进行融合得到导航定位信息，其主要目的是提高 INS 的定位精度和可靠性；深组合模式是在 INS 信息辅助下利用GNSS 接收机进行导航定位，其主要目的是提高 GNSS 接收机的定位连续性和抗干扰能力。

表 6 - 1　GNSS 和 INS 优缺点比较

系统类型	优点	缺点
GNSS	定位、测速精度高 导航误差不随时间积累	高动态时环路易失锁 不能输出姿态信息 数据更新率低 应用范围受限 易受电磁干扰
INS	自主性强、不受干扰，适用范围广 短时精度和稳定性好 导航信息完备、数据更新率高	导航误差随时间积累 初始对准时间长

GNSS/INS 松组合模式下，GNSS 接收机与 INS 传感器分别单独工作，独立的组合滤波模块将 GNSS 接收机与 INS 输出的位置、速度信息进行滤波，最终得到修正后的导航信息。图 6 - 2 为 GNSS/INS 松组合模式的工作原理图，在松组合模式下，若可见卫星少于 4 颗，GNSS 接收机将无法输出位置、速度信息，此时组合滤波效果将变差。

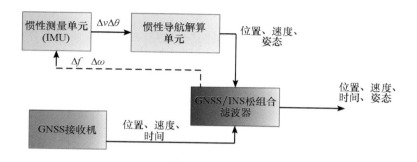

图 6 - 2   GNSS/INS 松组合模式工作原理图

GNSS/INS 紧组合模式下，GNSS 接收机与 INS 传感器也是分别单独工作，但是 GNSS 接收机输出的是伪距、伪距率、多普勒频率这些定位解算过程中的中间测量信息，与 INS 输出的导航信息进行滤波。如图 6 - 3 所示为 GNSS/INS 紧组合模式的工作原理图，相比松组合模式，它具有更强的环境适应能力，在少于 4 颗可见星的情况下，由于滤波器的测量值为伪距、伪距率等接收机定位计算的中间信息，当 GNSS 接收机无法定位时，紧组合模式仍然能够正常工作。

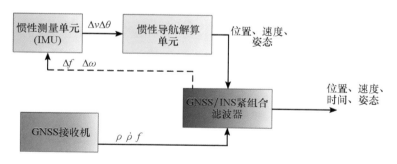

图 6 - 3   GNSS/INS 紧组合模式工作原理图

GNSS/INS 深组合模式与前面两种模式有着本质的区别，它侧重 INS 对 GNSS 接收机环路的辅助，接收机内部一般是采用矢量环路跟踪的方式代替传统的标量跟踪环路，利用 INS 的信息对 GNSS 接收机里同相和正交支路信号进行解调，能有效提高接收机在各种复杂环境下的性能。如图 6 - 4 所示是深组合模式的工作原理图，此时 GNSS 接收机结构与传统接收机相比出现了根本的不同，GNSS 接收机没有用传统接收机的标量跟踪环路，而是利用 INS 的辅助信息和矢量跟踪环路来进行导航与位置解算。

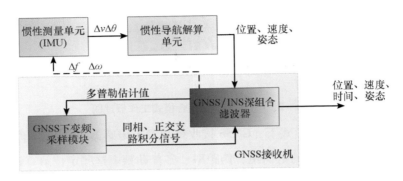

图 6-4　GNSS/INS 深组合模式工作原理图

6.1.2　惯性/天文组合导航系统

· 名词解释

– 天文导航 –

天文导航是根据天体来测定飞行器位置和航向的航行技术。若天体的坐标位置和它的运动规律是已知的，测量天体相对于飞行器参考基准面的高度角和方位角就可以算出飞行器的位置和航向。天文导航系统是自主式系统，不需要地面设备配合，不受人工或自然形成的电磁场的干扰，不向外辐射电磁波，隐蔽性好，定向定位精度高，定位误差与时间无关。

天文导航是现代高技术战争中不可或缺的一种重要导航手段，这也是少数拥有卫星导航自主权且惯性导航技术领先的国家仍致力于发展天文导航技术的重要原因。例如，为美国海军和空军制定导航技术发展政策的主要成员

Bangert 和 Tanjczek 博士认为，舰艇和作战飞机必须有两种独立、可靠的导航手段，除惯性导航之外，天文导航是一种独立的、不受制于人的、全球范围的自主式导航系统。因此，若采用惯性/天文组合导航方式，通过信息融合技术，用天文导航来修正惯性导航的积累误差，既可以保证导航系统的高精度，又不受电磁干扰，能够较好地满足实战环境中机载导航的需求，因而其具有较高的军事应用价值。

美军的中远程轰炸机 B-52、FB-111、B-1B、B-2A、大型运输机 C-141A、高空侦察机 U-2、SR-71 和俄罗斯的 TU-16、TU-95、TU-160 轰炸机等均使用了惯性/天文组合导航设备。美军 B-2 远程战略轰炸机上安装的是 Northrop 公司研制的 NAS-26 型惯性/天文组合导航系统，当采用纯惯性导航工作时，导航精度约为 926 米/时，在采用惯性/天文组合导航的工作模式时，飞行 10 小时后的导航定位精度仍优于 324.8 米，由于采用了高精度的惯性/天文组合导航系统，B-2 飞行员对后来为导航系统再加装嵌入式 GPS 接收机感到多余。

20 世纪 50 年代至 90 年代初，惯性/天文组合导航系统只能采用传统的简单组合模式，这主要是受当时天文导航技术的限制。因为当时的星体检测只限于单星观测，或在不同时刻完成对不同星体的检测。到了 20 世纪 90 年代中后期，由于大视场多星体同步跟踪与检测技术的发展，天文导航系统能完成某一时刻的多星同步检测，且能在不需要任何外部初始信息的前提下确定载体坐标相对惯性坐标的姿态信息，因此，以补偿惯性导航陀螺仪漂移为核心的新型惯性/天文组合导航模式得到发展，大大推动了天文导航技术的进一步应用。

6.1.3 惯性/数据库匹配组合导航系统

还有一类常见的组合导航是惯性/数据库匹配的组合，这类组合导航系统主要应用在水下潜艇中。相对于陆地和水面，在水下实施导航，尤其是高精度导航，要困难得多。常见的水下组合导航系统是惯性/数据库匹配组合导航系统，其中，惯性导航是组合导航系统中的主导航设备，其误差随时间积累，而数据库匹配导航系统每一次定位都是独立的，不存在误差积累，因此将两种导航系统组合在一起，就能提高系统的导航定位精度。水下组合导航系统的基本工作原理如图6-5所示。惯性导航系统与各种辅助导航（主要是数据库匹配）系统进行导航信息融合，以提高导航系统的精度和可靠性。

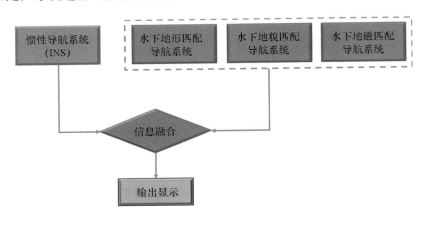

图6-5　水下组合导航系统工作原理

目前水下辅助导航系统主要有水下地形匹配导航系统、水下地貌匹配导航系统和水下地磁匹配导航系统。组合导航系统的信息融合是以计算机为中心，将各个导航子单元传送来的信息加以综合利用和最优化处理。卡尔曼滤波是实现信息融合的关键，信息融合后得到的最佳当前运动状态估计参量可通过输出设备进行显示。下面分别介绍水下辅助导航系统及其与惯性导航所组成的水下组合导航系统。

1. 惯性/水下地形匹配组合导航系统

地形匹配导航是一种利用地形特征对飞机、导弹、潜艇等进行导航的技术。随着现代测控技术、计算机技术、高分辨率高清晰度显示技术和图形图像处理技术等的发展，地形匹配导航技术和卫星导航、惯性导航一样，也成为当今导航领域的一项重要技术。

水下地形匹配导航根据实测地形序列或条带，与背景地形匹配，实施导航定位，每一次定位是独立的，不存在误差积累。其基本工作原理是，首先将某一特定区域及其周围的地形数据，即背景图或基准图，预先存入潜航器的计算机存储器中；当潜航器经过该区域时，随着潜航器的运动，潜航器借助传感器实时测得其下方的地形数据，即实时图，存入计算机中；然后根据匹配算法，将实时图与背景图进行匹配计算，获得潜航器的当前位置，并以此来修正惯性导航系统的输出结果，从而达到限制惯性导航系统误差积累，实现潜航器准确导航定位的目的。

惯性/水下地形匹配组合导航系统主要由 6 部分组成：INS、导航水域的海床地形图（地形匹配背景场）、回声测深系统、水下地形匹配导航定位数据处理单元、信息融合单元、输出和显示系统。具体组成如图 6 - 6 所示。

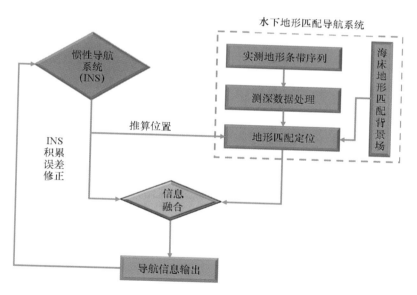

图 6 - 6　惯性/水下地形匹配组合导航系统组成

INS 是组合导航系统的主导航系统，主要起到如下两个作用：估计 INS 前期积累误差，为地形匹配在背景场中提供匹配搜索空间；根据匹配定位的结果，对 INS 进行修正，削弱其积累误差的影响，提高 INS 推算位置的精度，以实现潜航器长时间高精度导航。

地形匹配背景场是地形匹配导航的参考场，借助实测序列与之匹配，可从背景场中获得当前潜航器的位置。地形匹配背景场可借助水深资料或实测水深，通过构建海床数字高程模型，实现对海床地形的描述。

回声测深系统用于获取海床测点深度信息，以得到海床地形背景场数据，也可用于实时水深序列或者在航水深条带数据的获取。实时水深序列可采用单波束测深系统来获取，而在航水深条带数据则需要借助多波束测深系统来获取。

水下地形匹配导航定位数据处理单元是水下地形匹配导航系统的数据处理单元，也是匹配定位的核心单元。借助等值线匹配算法，可实现实测水深序列或条带地形与背景场地形数据的匹配，从而确定潜航器当前的位置。

信息融合单元是整个组合导航系统的核心单元。借助滤波方法，该单元可以实现来自 INS 的导航信息和水下地形匹配定位的导航信息的有机融合。

输出和显示系统将信息融合所得潜航器状态参数（位置、速度和加速度等）输出并显示出来，用于导航定位。

2. 惯性/水下地貌匹配组合导航系统

同地形匹配导航一样，水下地貌匹配导航也是一种辅助导航方式。一般意义上的水下地貌即海床地形，海床的地貌起伏变化，尤其是特征海床段的地貌，可为匹配定位提供条件，从而实现潜航器的导航。

水下地貌匹配导航技术是将实测在航地貌图像与背景海床地貌图像相匹配，根据匹配后两套图像像素的对应关系，从背景海床地貌图像中获得实测在航地貌图像各像素的位置，进而获得当前潜航器的位置。因此，基于海床地貌图像的辅助导航技术的核心是地貌图像匹配。

惯性/水下地貌匹配组合导航系统主要由 6 部分组成：INS、海床地貌背景场图像、海床地貌扫侧仪、图像匹配单元、信息融合系统以及匹配定位结果输出系统。具体组成如图 6 - 7 所示。

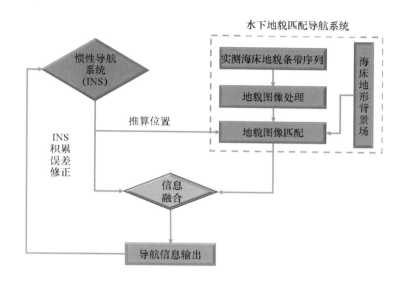

图 6 - 7 惯性/水下地貌匹配组合导航系统组成

INS 和输出显示单元在组合导航系统中的功能同其在惯性/水下地形匹配组合导航系统中的功能类似。

海床地貌背景场图像是基于海床地貌匹配导航的背景场。背景场图像已经过配准，因此，将实测地貌与背景地貌图像相匹配，便可从背景场中获得潜航器的当前位置。

海床地貌扫侧仪（侧扫声呐）是获取海床地貌的主要设备，通常采用拖拽的方式工作，其拖拽深度由压力传感器提供；对于现代侧扫声呐，其姿态由内置姿态传感器给出，这些姿态参数对于实施各项畸变校正非常重要。侧扫声呐既可用于海床地貌背景场图像的获取，也可用于在航条带地貌图像的获取。

图像匹配单元是基于海床地貌图像匹配导航的重要组成部分，其核心是匹配算法。借助该单元，可实现实测条带地貌与海床地貌背景场图像的匹配，根据匹配的结果，可以获得潜航器当前的位置，实现对潜航器的导航。

信息融合单元借助卡尔曼滤波方法，可以实现来自 INS 的导航信息和海床地貌图像匹配定位的导航信息的有机融合。

3. 惯性/水下地磁匹配组合导航系统

水下地磁匹配导航相对于地形和地貌匹配导航的明显优势在于海洋地磁变化相对明显，特征信息丰富，有利于实现精确导航；但也存在着明显的不足，即在航磁力测量需采用拖拽作业模式，且地磁测量拖拽定位精度偏低，从而影响匹配导航定位精度。

地磁匹配导航的基本工作原理是，先将潜航器规划航迹附近水域的地磁数据或者地磁场模型作为参考背景场，并存储在计算机中；当潜航器经过规划水域时，所携磁力仪测量在航地磁特征，构成实时地磁观测序列；将实时地磁观测序列与参考背景场进行相关匹配，进而从背景场中得到潜航器当前的位置，以供潜航器导航。

惯性/水下地磁匹配组合导航系统主要由 6 部分组成：INS、海洋局域地磁背景场、海洋磁力仪、地磁匹配单元、信息融合单元以及导航定位结果输出单元。具体组成如图 6 - 8 所示。

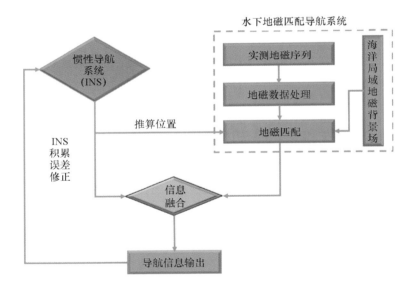

图 6 - 8   惯性/水下地磁匹配组合导航系统组成

INS 和输出显示单元在组合导航系统中的功能同其在惯性/水下地形匹配

组合导航系统中的功能类似。

海洋局域地磁背景场是水下地磁匹配导航的参考场，借助实测地磁序列与之匹配，可获得潜航器当前的位置信息，从而实现对潜航器的导航。

海洋磁力仪是获取海洋地磁数据的主要设备，主要用于背景场地磁数据和在航地磁序列的获取。地磁测量数据需要经过一系列改正，才能投入应用。

地磁匹配单元是水下地磁匹配导航系统的重要组成部分，其核心是地磁匹配算法。借助该单元，将实测地磁序列与背景地磁序列相匹配，根据实测地磁序列在地磁背景场中的位置，可从背景场中获取潜航器当前的位置。

信息融合单元借助卡尔曼滤波方法，可以实现来自 INS 的导航信息和水下地磁匹配定位的导航信息的有机融合。

4. 惯性/地形/地貌/地磁综合匹配组合导航系统

在前面所述的水下组合导航系统中，辅助导航系统均借助单一的海洋地球物理属性，通过物理要素匹配，实现潜航器导航定位。但就整体海洋环境而言，海床在近岸大陆架以内，变化相对复杂，而远离海岸，海床相对平坦，尽管在洋底存在裂谷和深海平原（图 6-9），但是整体变化并不大。海洋的这种地貌分布特征表明，单一借助海床地形或地貌实现匹配导航定位，匹配导航中误匹配出现的概率在海洋平原会显著增大，导航的可靠性将会降低。为此，需要将几种自主匹配导航系统结合起来，综合实现潜航器的导航，以实现彼此优势互补，确保导航的精度和可靠性。基于上述思想，下面综合地形匹配、地貌匹配和地磁匹配三种辅助导航系统，结合 INS，介绍惯性/地形/地貌/地磁匹配组合导航系统的组成。

惯性/地形/地貌/地磁匹配组合导航系统由主导航系统 INS 和 3 个辅助导航系统组成。主要包括以下 6 个单元：INS、匹配导航背景场、在航观测单元、综合匹配单元、信息融合单元、输出显示单元，具体组成如图 6-10 所示。

INS 与前述情况一样，在水下组合导航系统中为主导航系统。依靠其提供的推算位置可以为其他 3 个匹配导航系统提供匹配搜索范围；INS 提供的速度和加速度信息将作为重要的观测量参与整体信息融合，最终的融合结果将被

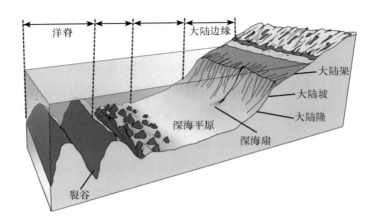

图 6 – 9   海洋地貌特征

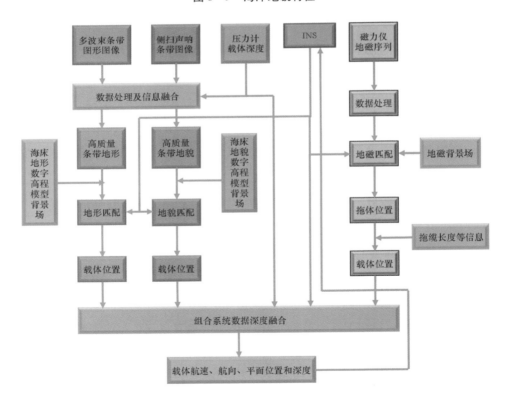

图 6 – 10   惯性/地形/地貌/地磁综合匹配组合导航系统组成

用于 INS 的积累误差修正，实现 INS 的长期可靠导航。

匹配导航背景场：由于组合导航系统涉及 3 个匹配辅助导航系统，因此存在 3 个背景场，分别是海床地形数字高程模型背景场、海床地貌数字高程模型背景场和地磁背景场。背景场主要用于与实测序列的匹配，进而得到潜航器的当前位置。

在航观测单元包含了海床地形条带观测系统、地貌图像条带观测系统和地磁序列观测系统，涉的仪器设备主要包括多波束探测系统、侧扫声呐系统和磁力仪观测系统及其相应的数据采集和处理单元。

综合匹配单元如前面几种匹配导航系统一样，组合导航系统中的匹配单元根据实测条带或序列，完成与背景场的匹配，从而实现从背景场中获得当前潜航器的位置。

信息融合单元根据组合系统中各个导航单元输出的导航定位信息，借助卡尔曼滤波模型，实现潜航器运动状态参数的确定，借助融合结果，实现对 INS 结果的修正。

输出显示单元：将信息融合所得潜航器状态参数（位置、速度和加速度等）输出并显示出来，用于导航定位。

· 扩展阅读

– 融合导航、人工智能助力无人化战争 –

世界武器发展至今，一共经历了五个阶段：木石兵器、冷兵器（金属兵器）、热兵器（火药兵器）、机械化兵器、精确制导武器。每一代新武器的诞生都意味着军事和科技能力的更新迭代。如今，随着信息网络、新能源、生物科技及材料等方面技术能力的发展，第六个阶段正在向我们逼近，那就是人工智能主导下的无人化战争。

无人化战争可以实现比精确制导武器更精细、更准确的打击。2015 年12 月，俄军在叙利亚对"伊斯兰国"武装分子发起进攻，俄军使用 6 部"平台 – M"战斗机器人、4 部"暗语"轮式战斗机器人和数架无人机配合地面部队，取得击毙 70 余名武装分子而已方无一人伤亡的战果，从而催生了陆战场作战新模式。

2020 年 11 月 27 日，伊朗核物理学家法克里扎德在德黑兰郊外的一个车队中被杀害。当时法克里扎德乘坐的车辆被子弹击中，他以为该声音是车辆出现故障，于是从防弹车中走出，这时一辆停在 150 米远的尼桑汽车里的一挺机枪，开始对法克里扎德射击，机枪只以法克里扎德的脸为攻击目标，对他进行了几轮精准射击，甚至没有击中离他仅有 25 厘米远的妻子。这次暗杀行动只持续了 3 分钟，尼桑汽车里的人工智能机枪被人们广泛关注，它进行人脸识别后自动展开射击行动，这种作战方式在过去的武器中从未出现。

未来，以人工智能为核心、智能传感系统为先导的智能导航技术将为无人化战争提供更加便利的导航定位选择。试想一下，未来的无人化武器平台，利用导航系统提供的高精度位置信息和各种人工智能算法，就可实现没有任何人为参与的精确打击，世界将会变成怎样？

– 组合导航在无人驾驶汽车上的应用 –

无人驾驶作为一种智能化的交通方式，能够代替人类完成一系列的驾驶行为。对无人驾驶的研究涉及导航定位、环境感知及决策控制等科学领域。通过导航定位，车辆可以获取自身的位置、速度、方向等信息，再结合车辆的环境感知，通过决策系统做出相应决策，规划行驶路径，并按照相应的路径进行行驶。

近年来，中、美、日、德、英等国家纷纷加快了无人驾驶的布局，使得无人驾驶在全球领域迅速发展，同时在无人驾驶技术不断成熟的基础上，无人驾驶也在向包括巴士、卡车等多车型扩展。在车企方面，无论是传统的车企公司，还是谷歌、百度等互联网科技公司，也加速在无人驾驶汽车领域的布局与合作。

在无人驾驶汽车上的导航传感器包括基于信号的定位（卫星导航系统）、基于航迹推算的定位（惯性导航系统）和基于环境特征匹配的定位（融合激光雷达与立体视觉的定位）等，它们通过组合导航或融合导航算法，得到车辆的位置，并结合高精度数字地图与用户进行交互。图 6 – 11 为无人驾驶汽车的融合定位。

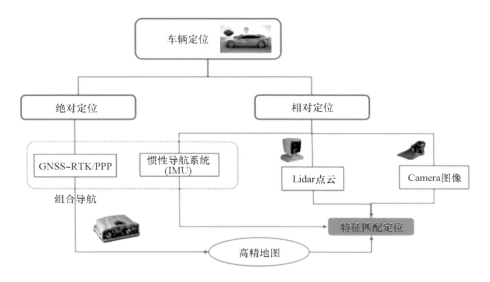

图 6 – 11　无人驾驶汽车的融合定位

– 高性能的 GNSS/INS 组合导航系统 –

2020 年 4 月，角斗士技术公司推出小型化、高性能的 GNSS/INS 组合导航模块，LandMark 005 INS/GPS 和 LandMark60 INS/GPS 产品（图 6 – 12），它

(a) LandMark 005 INS/GPS　　　　　　　(b) LandMark60 INS/GPS

图 6 – 12　GNSS/INS 组合导航模块

们将 GNSS 的位置数据与惯性传感器、气压计、磁力计结合在一起，可在短期 GPS 中断期间提供精确的位置信息。

2020 年 5 月，运动跟踪模块制造商 Xsens 公司集成了 GNSS 与 INS 模块，推出 MTi－680G 组合导航模块，它内部集成了 RTK 模块，使得 GNSS 接收机的最大定位误差从米级降低到 2 厘米左右，即 MTi－680G 组合导航模块（图 6－13），具有厘米级精确定位功能，可提供高达 400 赫兹的位置和姿态信息的输出。

图 6－13　MTi－680G 组合导航模块

－军用无人作战平台－

无论是古代还是现代战争，最大限度保护兵力资源都是战争需首要关注的重点，特别是海湾战争中精确制导武器的出现，更是前所未有地降低了战场上人员伤亡，并将作战效能提高到了一个新高度。随着先进技术的迅猛发展，近年来无人作战平台已取代精确制导武器，成为下一代战争的主流。

无人作战平台是一种替代士兵用于完成军事任务的机器人，能够在各种极限条件下完成危险、单调、枯燥的军事任务，具有损毁无附加人员伤亡、可长期值守、不受作战人员情绪影响等特点。在世界范围内，很多国家尤其是军事强国都在加大对无人作战平台研究的投入，以谋求未来能在战场上利用不对称优势打破战争天平的平衡。以美军为例，美军在伊拉克和阿富汗战场投入大量地面无人平台用于扫雷和侦察等任务，利用无人机执行各种空袭任务，甚至在伊朗利用无人机执行了刺杀重要人物的任务。以上的战例都是以极小的代价赢得了明显战果，这种由无人作战平台引领的精确非接触式战争，已成为未来战争不可逆转的趋势。

高精度的导航信息是完成无人平台运动控制、战场侦察、战场支援、协同作业等任务的先决条件。由于无人平台需要工作在水下、临近空间、高空、野外、室内等各种复杂环境，获取导航信息的自主性、完备性、全天候的环境适应性是其根本要求，因此无人平台的导航传感器一般以惯性导航系统为主，可根据执行任务情况与其他各种传感器进行组合，以达到精确、稳定、可靠导航的目的。

目前无人机上采用的导航技术主要包括惯性导航、卫星导航、视觉导航、多普勒导航、地形匹配导航和地磁导航。在实际工作中，无人机要根据实际任务和负担来选择合适的导航定位技术。随着人工智能技术的发展，未来无人机的发展要求集障碍回避、物资武器投放、自动进场着陆等功能为一体，需要高精度、高可靠、抗干扰的导航性能，为此在无人机上出现了多种组合导航系统，常用的组合导航系统包括 INS/GNSS 组合导航系统、INS/多普勒组合导航系统、INS/地磁组合导航系统、INS/地形匹配组合导航系统、GNSS/航迹推算组合导航系统，如何将这些导航系统组合发挥最佳作用，是组合导航需要解决的问题，同时将更多导航设备进行组合的多源组合导航系统，也是未来无人机导航设备发展的方向。

在地面无人车导航技术方面，为实现地面无人平台的精确运动控制和环境感知，除传统的卫星导航、惯性导航等技术外，红外、视觉、激光雷达等基于环境感知的导航技术也得到了广泛的应用。如法国的"eRider"多任务平台，导航传感器配备了卫星导航、INS、激光雷达、摄像机组合的导航系统，能实现人员运输、路标导航、无人侦察等功能，支持隐身操作，具有很低的光学特征；法国 INRIA 公司研制的 Cycab 无人车，使用卫星导航、INS、激光雷达组合的导航系统，可以实现高达 1 厘米的定位精度；美国的"黑骑士"无人装甲车（图6－14）使用激光雷达、热成像摄像机和卫星导航的组合导航，支持全自动驾驶，无驾驶员干预即可自动避障，还具备夜间行驶能力。

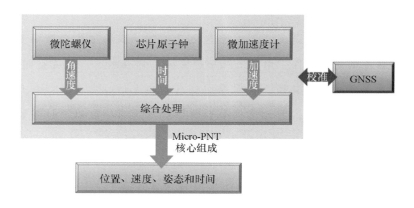

图6－14　"黑骑士"无人装甲车组合导航示意图

在无人水下航行器导航技术方面，由于水介质对无线电波的强烈吸收，以卫星导航为代表的无线电导航技术无法在水下使用。常见的水下导航技术有惯性导航技术、水下声学定位导航技术、地球物理导航技术及水下协同导航技术等。惯性导航系统以其自主性、连续性、隐蔽性等特点，成为无人水下航行器的主要导航系统；水下声学定位导航技术又可分为多普勒速度计程仪与水声定位系统两类，分别基于声呐多普勒效应的测速设备和基线系统进行定位；地球物理导航技术是利用地球本身物理特征进行导航的技术，包括地形匹配、地磁匹配和重力匹配等三类，具有自主性强、隐蔽性好、不受地域和时间限制等特点，但需要提前采集和建立相应的导航数据库；水下协同导航技术通过获得辅助信标的相对距离或方位信息，再根据水下航行器自身位置信息与相对距离或方位信息进行协同导航，可获得更高的导航定位精度，具体见图6－15。

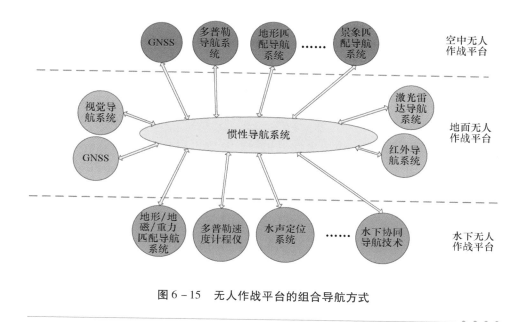

图 6 - 15　无人作战平台的组合导航方式

6.2　X 射线脉冲星导航技术

　　随着航天技术的不断发展，人类探索宇宙的范围也在逐步扩大。发射空间飞行器摆脱地球引力场，在太阳系和更广阔的宇宙空间范围内对各种形体进行深空探测是人类探索宇宙的基础。

　　深空探测不仅可以研究太阳系及宇宙起源的奥秘、扩展人类生存空间、利用近乎无限的太空资源，而且在保障国家安全和促进国家科技进步方面也具有重要的意义。21 世纪以来，世界各科技强国纷纷制订了新的更具挑战性的深空探测计划，这其中包括美国的火星巡视计划，俄罗斯和欧盟合作的木星卫星探测计划、日本的火星探测计划。我国也在 2021 年 5 月利用"天问一号"探测器成功着陆火星乌托邦平原，实现了对火星的环绕、着陆和巡视。

　　这些深空探测计划除了要解决飞行器长途飞行的动力问题，还要对其全程进行精确的导航。传统航天器的导航主要依赖地面测控站，由于深空探测距离遥远，基于地面测控的导航存在巨大的时延，难以为航天器提供实时的导航信息，无法保证航天器的安全性、可靠性。为了解决传统依赖地面测控站的导航技术的不足，近年来航天器的自主导航技术得到了广泛的研究。

航天器的自主导航是指航天器在不依赖地面设备的前提下，通过携带的有效载荷自主获取自身的位置、速度、姿态及时间等导航信息。对于运行于近地空间的航天器而言，使用全球卫星导航系统可以在大范围内实现高精度的导航；但是对于进行深空探测的航天器，绝大部分在飞行途中都不可能接收到全球卫星导航系统的卫星信号。而以人类现有的科技能力，若建设覆盖整个太阳系的卫星导航系统，以服务这些深空探测的航天器，这没有技术上的可行性。但是人类可用于深空导航的星体在宇宙中是广泛存在着的，如果说北极星为人类探索地球指明了方向，那么可以说脉冲星为人类探索太阳系，甚至更广阔的宇宙指明了方向。

6.2.1 基本原理

脉冲星是大质量恒星演化、坍缩、超新星爆发的遗迹，是质量为太阳 $4 \sim 8$ 倍的恒星，在演化的最后会产生超新星爆发，然后在高温、高压下电子与质子结合，坍缩至质量为太阳 $1.4 \sim 3$ 倍且直径约为 10 千米的中子星。中子星具有超高的密度和超强的磁场，核心密度达到 10^{12} 千克/厘米^3，磁感应强度达到 $10^4 \sim 10^{13}$ 高斯。

强磁场导致中子星辐射只能沿着磁轴方向从两个磁极区辐射出来，并且在传播过程中形成两个圆锥形辐射束，这种中子星就是脉冲星。脉冲星一般有两个磁极，以稳定的周期向宇宙空间发射脉冲信号。由于脉冲星辐射轴与自转轴之间有一定的夹角，伴随着脉冲星的自转，脉冲星位于磁极的辐射束会周期性地扫过一个区域，当探测器刚好指向这个辐射束方向时，即可接收到脉冲星信号。由于脉冲星每自转一圈，辐射束就扫过一次探测器，探测器就可以接收到周期性脉冲星信号，其中这个周期就是脉冲星的自转周期，这就是天文学中的"灯塔效应"。图 6 - 16 为脉冲星自转和信号辐射模型示意图。在太阳系中的飞行器，一般选取太阳系质心（solar system barycenter，SSB）作为惯性参考点，通过测量周期性脉冲信号到达飞行器和到达惯性参考点的时间差来确定飞行器相对于惯性参考点的位置矢量，这就是脉冲星导航的基本原理。

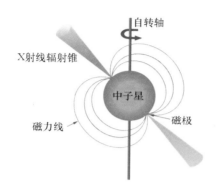

图 6 - 16　脉冲星自转和信号辐射模型示意图

脉冲星具有极高的密度，使其自转具有极其稳定的周期性。根据脉冲星自转周期长短可将其分为毫秒脉冲星和普通脉冲星。其中毫秒脉冲星自转周期在 1.6~25 毫秒之间，被誉为自然界中最稳定的天文时钟。从首次发现脉冲星至今，已探测到超过 2 000 颗脉冲星，其中 140 余颗具有稳定的自转周期。

图 6 - 17 为电磁波频谱的分布图，脉冲星辐射的能量从普通的射频到 γ 射线频段均有分布，根据脉冲星辐射能量所在的主要波段，可将脉冲星分为 γ 射线脉冲星、X 射线脉冲星、光学脉冲星和射电脉冲星等。其中 X 射线、γ 射线属于高能光子，集中了脉冲星绝大部分的辐射能量，但难以穿过稠密的地球大气层，因此适于在大气层外观测，观测设备可实现小型化并搭载在航天器上。

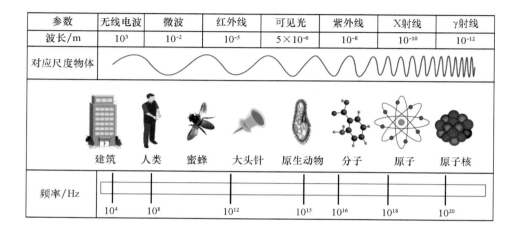

参数	无线电波	微波	红外线	可见光	紫外线	X射线	γ射线
波长/m	10^3	10^{-2}	10^{-5}	5×10^{-6}	10^{-8}	10^{-10}	10^{-12}

对应尺度物体

建筑　人类　蜜蜂　大头针　原生动物　分子　原子　原子核

频率/Hz 10^4 10^8 10^{12} 10^{15} 10^{16} 10^{18} 10^{20}

图 6 - 17   电磁波频谱分布图

X 射线脉冲星距离太阳系非常遥远，因此相对于太阳系惯性框架而言几乎静止不动，并且能够在 X 频段辐射出高稳定性的具有各自不同轮廓的周期性脉冲信号。这些特点决定了 X 射线脉冲星可以为航天器提供良好的时空基准。

· 名词解释

– X 射线脉冲星导航 –

X 射线脉冲星导航是通过测量多颗 X 射线脉冲星信号到达航天器和到达惯性参考点（通常为太阳系质心）的时间差，来确定航天器相对于惯性参考点的位置矢量，进而估计得到航天器位置的导航。

X 射线脉冲星导航的几何原理示意图如图 6 - 18 所示，图中太阳系质心为 SSB，航天器为 U，n 表示从 SSB 指向 X 射线脉冲星的单位矢量，也称为视线矢量；r_S 表示航天器相对于 SSB 的位置矢量。t_S 和 t_c 分别表示 X 射线脉冲星的同一信号到达 SSB 和航天器的时间，t_S 由建立在 SSB 的 X 射线脉冲星时间模型精确预测得到，t_c 由航天器探测得到，从而可以计算得到 X 射线脉冲信号到达 SSB 和探测器的时间差 $t_S - t_c$，根据时间差可以得到距离差 $\Delta r = c$ ($t_S -$ t_c），c 表示光速。距离差反映了位置矢量 $\boldsymbol{r}_S$ 在视线矢量 $\boldsymbol{n}$ 上的投影大小，当观测多个 X 射线脉冲星时，通过联立观测方程就可以实现航天器的自主导航，或者观测单个脉冲星并结合航天器的轨道动力学，也能实现航天器的导航。

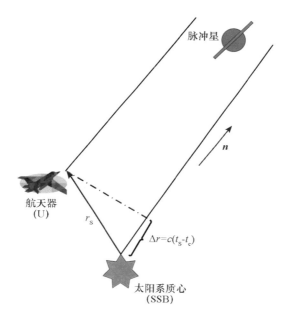

图 6 - 18　脉冲星自主导航几何原理示意图

X 射线脉冲星导航定位的具体流程如下：

①光子到达时间测量：航天器上的 X 射线探测器接收 X 射线脉冲星的光子，并通过光子计数器输出相位信息。

②本地时间维持：航天器根据接收到的周期性脉冲信号，对星载原子钟进行频率修正，维持高稳定的本地时间。

③到达时间差估计：通过脉冲星模型数据库，获取标准累积脉冲轮廓和计时模型，预测脉冲到达太阳系质心的时间，最终得到 X 射线脉冲星信号到达航天器和太阳系质心的时间。

④位置解算：将观测到的多颗脉冲星的到达时间差组成导航定位的测量方程，并根据轨道动力学方程和星载时钟系统状态方程，通过卡尔曼滤波等滤波算法计算航天器的位置、速度、时间等偏差。

⑤导航参数预报：利用上述步骤得到的偏差参数修正航天器的位置、速度和时间，并进行短时预报。

6.2.2　优缺点分析

X射线脉冲星导航的优点主要包括：

①稳定性高：X射线脉冲星的长期稳定度可与现有原子钟相媲美，所以，利用X射线脉冲星可以实现航天器的定轨，也可以为航天器授时。

②可靠性高：相比于现有的人造卫星导航系统，X射线脉冲星距离地球非常遥远，其运动特性、运动过程不会被人为干扰，因此具有极高的可靠性。

③覆盖范围广：脉冲星分布广泛，信号辐射范围也非常广泛，相比于现有的卫星导航、地磁导航等具有更广泛的应用空间，可实现近地、深空乃至星际空间的导航。

④探测器可小型化：X射线探测器可小型化，有助于降低航天器的功耗、质量、体积及成本。

⑤星座无须维护：相比于全球卫星导航系统，X射线脉冲星是天然的导航星座，无须维护。

X射线脉冲星导航的缺点主要是难以应用于地表导航，并且其数千米的导航精度对于地表导航而言难以实用。

6.2.3　发展动向

1974年美国喷气推进实验室首次提出了基于脉冲星的行星探测器自主定轨方法，理论上采用直径为25米的天线接收脉冲星的射电信号，可以实现150千米左右的定轨精度。但由于射电信号微弱，需要大型接收天线，这对于一般的航天任务并不现实。1981 年，美国通信系统研究所提出了基于脉冲星的 X 射线信号实现航天器导航的方法，与脉冲星发射的可见光和其他射电信号不同，X 射线信号可以由小型设备接收，比较适合航天器的使用。2004 年，欧洲航天局报告分析了脉冲星导航的基本原理和脉冲星信号模型，说明了系统的工程实现性。

2011 年，戈达德空间飞行中心联合美国大学空间研究联合会启动了"空间站 X 射线计时与导航技术试验"项目。通过使用国际空间站上的 X 射线探测器，进行 X 射线脉冲星导航技术验证。试验的目标是：观测 3 ~ 5 颗脉冲星，在 2 周的观测时间内实现低轨航天器优于 10 千米的定轨精度，观测 4 周实现低轨航天器优于 1 千米的定轨精度。

2016 年，中国成功发射全球首颗脉冲星导航专用试验卫星——X 射线脉冲星导航 1 号（XPNAV - 1）。该卫星是 1 颗质量为 243 千克的小卫星，其主要任务是测试 X 射线探测器性能，观测典型脉冲星并尝试验证脉冲星导航系统体制。目前，XPNAV - 1 卫星在轨运行状态良好，已实施 4 颗典型 X 射线脉冲星和 4 颗 X 射线双星观测，以及相关科学试验。试验结果表明 XPNAV - 1 卫星空间飞行试验达到预期目标，初步验证了脉冲星导航系统体制的可行性。

2017 年 3 月，中国学者利用"天宫二号"上的伽马暴偏振探测仪记录的蟹状星云脉冲星的观测数据，完成了 X 射线脉冲星导航的原理验证。结果表明，该方法能够实现对"天宫二号"轨道的定轨，利用伽马暴偏振探测仪一个月的在轨观测数据可得到定轨精度为（99.7% 置信度）：轨道半长轴精度 7.0 米，偏心率精度 0.00026°，轨道倾角精度 0.023°，升交点赤经精度 0.17°，近地点的幅角及平近地点的角精度为 0.043°。

2017 年 11 月，NASA 完成了世界首次 X 射线脉冲星导航空间验证，证实了高速移动的航天器使用毫秒脉冲星精准定位，实现自主导航的技术可行性，为人类开展深空乃至太阳系外宇宙探索奠定了基础。为期 2 天的试验表明，该系统可以实现精度为 16 千米以内的自主导航，最高精度为 4.8 千米。经过进一步优化，在长时间不与地球通信的情况下，航天器仍可以实现优于 1.6 千米的高精度导航。

6.3 量子导航技术

2007 年，美国国防高级研究计划局将量子科技作为核心技术基础列入其战略规划，在 2015 年设定的战略投资领域中，将量子物理学列为三大前沿技术之一。另外，在"2013—2017 年科技发展五年计划"中，美国国防部将量子信息和量子调控列为六大颠覆性基础研究领域之一，认为其未来将对美军战略需求和军事行动产生深远影响。

• 名词解释

– 量子导航 –

量子导航是以量子力学理论和量子信息理论为基础的导航技术的统称。根据其导航原理的不同，可以分为基于测距的量子导航技术和基于惯性的量子导航技术。

. . . . .

6.3.1 基于测距的量子导航

1. 基本原理

基于测距的量子导航的概念最早于 2001 年提出。美国麻省理工学院的 Giovannetti 博士等在 *Nature* 上发表了名为 *Quantum-enhanced positioning and clock synchronization* 的文章，提出了基于量子技术的量子导航定位系统（quantum positioning system，QPS）。

QPS 的原理和 GPS 类似：利用具有量子纠缠特性的纠缠光取代电磁波，通过测量相互关联的两束纠缠光的到达时间差（time difference of arrival，

TDOA），再根据获取的多组 TDOA 测量结果解算用户的位置。根据纠缠光子对发生器的位置，可以将 QPS 分为星基 QPS 和地基 QPS。由于星基 QPS 相比地基 QPS 具有更广的覆盖范围，因此得到更多的关注。量子纠缠是量子力学的理论之一，它指的是，如果两个粒子纠缠在一起，那么无论它们在宇宙中有多远，都可以通过观察其中一个粒子来预测另一个粒子的行为。

星基 QPS 测距和定位过程可以简单描述为：卫星上的纠缠光子对发生器发射两束纠缠光，其中一束沿星地光链路到达用户，并从用户处反射回卫星，被卫星上的一个单光子探测器接收；另一束直接发射到卫星上的另一个单光子探测器，完成纠缠光子对的发射与接收。利用两路纠缠光的 TDOA 计算出两路纠缠光的光程差，也就是 2 倍的卫星与地面的距离。通过测量用户与 3颗卫星之间的到达时间差，就可以解算出用户的空间坐标。

由上述的测距和定位过程可以发现，星基 QPS 定位的关键在于星地光链路的建立以及纠缠光子对 TDOA 的测量。

在建立星地光链路的过程中，卫星端与地面端通过各自的信标光发射器相互发射信标光，并对对方发射的信标光实施捕获、跟踪和瞄准。其具体步骤包括：地面端根据卫星的轨道信息，计算卫星经过地面端所在位置上空的轨道及时段，并发射散角较宽的信标光，覆盖卫星端所在区域；卫星端依据星历表估算用户的大致位置，将粗跟踪探测器的视轴指向用户，对用户所在的不确定区域进行扫描，完成对地面端上行信标光的捕获；卫星端转入粗跟踪阶段，实现大范围跟踪信标光，并完成对光学天线指向的调整，将上行信标光引入精跟踪模块视场中，进入精跟踪阶段；当卫星端发射下行信标光后，地面端也进行类似的捕获、跟踪和瞄准过程，此时，卫星端与地面端均处在跟踪状态。当星地两端完成双向跟踪，就实现了星地光链路的建立与维持。

在建立了星地光链路之后，就可以利用纠缠光子对实现星地到达时间差的测量。该过程的关键在于量子纠缠光的发射与接收。纠缠光子对发生器产生相互关联的信号光与闲置光，并经过不同的链路进入卫星端的单光子探测器：信号光通过星地光链路发射至地面端的反射器，经地面角锥反射器反射后，由原路径返回卫星端进入单光子探测器；闲置光从纠缠光子对发生器发出后，经反射镜反射后直接进入单光子探测器。数据采集模块分别采集光子探测器输出的信号光与闲置光的脉冲信号，并通过数据拟合的方式对两个脉冲信号的时间序列进行符合测量，最终得到所需要的到达时间差。

2. 优缺点分析

QPS 利用量子纠缠和量子压缩等特性，可以超越经典测量中能量、带宽和精度的限制，测量精度可以接近海森伯不确定性原理限定的物理极限。所谓的海森伯不确定性原理，是指不可能同时精确测量一个基本粒子的位置和它的动量。

不过，量子导航定位系统的缺点也非常明显：量子信号的制备、操控、存储、探测非常困难；同时，在进行量子纠缠光的发射与接收前需要建立点对点的星地光链路，这个特性也限制了系统的用户服务数量。这些缺点导致该概念被提出后，相关技术研究发展缓慢。

6.3.2 基于惯性的量子导航

基于惯性的导航技术在抗干扰、自主导航、安全保密和使用范围等方面具有不可比拟的优势。但是由于基于惯性的导航技术存在积累误差，因此为了实现长时间的高精度自主导航，需要不断地提升惯性器件的精度水平。目前基于牛顿力学的转子陀螺仪、基于波动光学的光学陀螺仪由于自身工作原理限制，在精度提升方面都遇到了难以解决的瓶颈，迫切需要基于新的工作原理进一步提升陀螺仪的精度。

随着原子光学领域的重大科学发现与技术突破，基于量子力学的原子陀螺仪已成为新一代陀螺仪的研究重点，主要包括原子干涉陀螺仪、原子自旋陀螺仪及核磁共振陀螺仪。其中原子干涉陀螺仪的理论精度可达 10^{-13} 度/时，是目前具有最高精度潜能的陀螺仪。

1. 基本原理

原子干涉陀螺仪测量角速度的原理和光纤陀螺仪类似，都是基于萨奈克效应进行角速度测量。

目前，光学干涉仪受限于激光波长及实验装置的大小，等效的干涉环路的面积几乎达到了测量极限。与之相对的，原子物质波干涉具有更优的特性：一旦温度降到极低，相应的粒子性随之降低，也就是当粒子的运动速度下降到厘米/秒数量级时，它的波动性就会显示出来，从而发生干涉效应。如果用原子代替光子进行干涉，在同等回路面积的情况下，理论上物质波陀螺仪比光学陀螺仪的精度要高 10^{10} 量级。

2. 优缺点分析

基于惯性的量子导航技术和其他惯性导航技术类似，具有自主、隐蔽、连续、强抗干扰和不受环境限制等诸多优势，但是同样存在积累误差，导航精度随时间发散，需要定期校正。

基于惯性的量子导航技术相比其他惯性导航技术的最主要优势就是高精度。传统陀螺仪目前能达到的最小零偏漂移为 0.005 度/时，而量子陀螺的理论精度可达 10^{-12} 度/时。传统加速度计最小零偏漂移为 $3 \times 10^{-5} g$（g 表示重力加速度），而采用原子干涉的加速度计零偏漂移可以小于 $10^{-10} g$。

3. 发展动向

2000 年，美国斯坦福大学和耶鲁大学利用热原子研发了第一台原子干涉型陀螺仪样机，其短期灵敏度为 6×10^{-10} 弧度/（秒·赫兹$^{1/2}$），2006 年通过 17 000 秒测试，估计其零偏漂移为 6.8×10^{-5} 度/时。

美国斯坦福大学 Kasevich 小组研发的四脉冲原子干涉仪，于 2008 年通过对光学系统进行集成化设计，将敏感部分的体积控制在了 1 立方米以内，测量精度为 2.3×10^{-3} 度/时，成为世界上第一个性能指标优良的原子干涉陀螺仪。

目前基于热原子的原子干涉陀螺仪已经可以实现很高的测量精度，并可以长期运行，但体积还相对较庞大，稳定性也有待提高，因此后续的工作主要集中在小型化和提高稳定性等方面。冷原子干涉型陀螺仪虽然预言可以小型化，但需要解决的问题还很多。尤其是如何保持超冷原子的长期相干性是一个任重道远的问题，因此离实际应用还有一定距离。

· 扩展阅读

－未来战争的颠覆性技术——量子信息技术－

　　量子信息技术的快速发展，将会颠覆现有电子信息技术体系，打破以微电子技术为基础的电子信息技术物理极限，促进未来战争形态加速演变，对军事领域产生广泛而深远的影响。

　　量子信息技术主要包括量子计算、量子通信和量子测量三大领域，分别可以在提升运算处理速度、信息安全保障能力、测量精度和灵敏度等方面突破经典技术的瓶颈。

　　图6-19为量子计算概念图，量子计算以量子比特为基本单元，利用量子叠加和量子纠缠等原理进行量子并行计算。所谓量子叠加，指量子可以处于不同量子态的叠加态上，也就是量子状态可以任意、不确定。而所谓量子纠缠，指微观粒子在由两个或两个以上粒子组成的系统中相互影响的现象，无论粒子的空间距离多远，搅动其中任意一个粒子，另一个粒子会不可避免地发生性质改变，这种关联现象称为量子纠缠。具有纠缠态的两个粒子，沿着特定方向测量某一粒子，若所得结果为自旋向上，则原本处于叠加态的另一个粒子瞬间坍塌为自旋向下。量子计算具有经典计算机无法比拟的高速处理、高度存储及并行计算等能力，能胜任未来战争中海量数据处理的计算工作，为未来研发更加尖端、实用的武器装备打下基础。

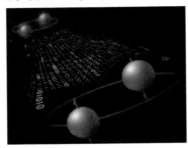

图6-19　量子计算概念图

量子通信利用量子叠加和量子纠缠效应等进行信息或密钥传输，主要分为量子隐形传态和量子密钥分发两类。其中量子隐形传态在经典通信系统辅助下可以实现任意未知量子态信息的传输。量子密钥分发基于量子力学原理保证密钥分发的安全性，是首个从理论走向应用的量子通信技术分支。量子通信的优势在于，它颠覆了传统的保密与窃密技术，使军事通信在原理上实现安全和保密。

量子测量基于微观粒子系统及其量子态的精密测量，完成被测系统物理量的变换和信息输出，在测量精度、灵敏度和稳定性方面具有传统无线电测量技术无法比拟的优势。如量子雷达，用光量子对目标进行探测，能有效增强雷达对目标的检测性能，同时还能提高雷达的抗干扰和抗欺骗能力，很好地解决了经典雷达遇到的瓶颈问题。基于惯性原理的量子罗盘，可应用于核潜艇，能摆脱水下精密导航对卫星导航系统的依赖，实现精确定位。

－ 空天地一体化协同作战 －

空天地一体化协同作战，是一种利用空基、天基、海基、地基平台的传感器网络来发现、跟踪和识别目标，并对超视距目标进行远程精确打击的作战样式。以美军为例，美军的空天地一体协同作战体系主要包括预警探测情报系统、信息链路与通信系统、指挥控制系统、打击平台和武器装备等五大系统。预警探测情报系统由海基、陆基、空基、天基的探测平台和情报系统组成，其中天基探测平台是预警探测情报系统的主力，包括导弹预警卫星、成像侦察与电子侦察卫星、导航卫星以及通信中继卫星；信息链路与通信系统包括各种轨道的通信卫星，地面有线和无线网络设施，地面与卫星之间可根据需求建立星地、星间链路；指挥控制系统具备态势感知、自适应规划、交战控制、建模仿真与分析通信等功能，能跟踪目标并引导远程打击武器对目标进行打击；打击平台包括各类远程轰炸机、战略战术潜艇、舰艇、导弹发射车和发射架等陆、海、空、天武器平台；武器装备包括各类远程弹道导弹、巡航导弹、地空导弹，以及各种有人、无人驾驶平台攻击弹药等。

海军综合防空火控（naval integrated fire control-counter air，NIFC-CA）系统就属于美国空天地一化体协同作战体系中的全球化指挥控制系统，是美国为了实现超视距拦截和交战而发展的一种分布式、网络化、多层次的防空反导指挥控制系统。2015 年美国海军就在白沙靶场用 NIFC-CA 控制远程舰空导弹进行超视距拦截试验，成功拦截了一枚中程超音速导弹。NIFC-CA 主要由高速数据分发系统、多平台信息融合功能模块、多平台武器协同控制功能模块和舰艇综合防空火控系统等构成。NIFC-CA 可为精确制导武器系统提供防区以外的远程作战能力，能起到御敌于千里之外的作用。图 6 – 20 为 NIFC-CA 进行超视距导弹拦截的示意图。

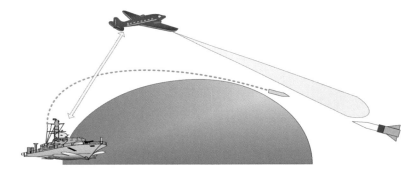

图 6 – 20   NIFC-CA 进行超视距导弹拦截示意图

第 7 章

体系化作战条件下导航定位技术的发展与应用

　　一旦技术上的进步可以用于军事目的并且已经用于军事目的，它们便立刻几乎强制地，而且往往是违反指挥官意志地引起作战方式上的改变甚至变革。

——恩格斯

　　现代战争是多军种、多兵种的协同作战，具有突发性以及快速、机动、大纵深、全方位和立体化的特点。因此，战争的成败，与部队调遣、火力支援和空中支援的及时性与准确性息息相关。导航与定位系统在军事中的应用主要体现在战场态势感知、精确打击等方面。新一代的导航定位技术，除能更好地保障执行军事任务的导航需要外，还能产生广泛的战术功能。战场态势感知就是导航定位技术的典型军事应用，导航定位系统为各作战单位所提供的实时定位与航向速度等信息，把目标位置转换到统一的坐标系中，并通过短波或者其他方式的数据通信手段，将位置信息发送至指挥中心，让指挥员掌握己方各单位战场杀伤能力的分布与动向，让各作战单位了解周围友方单位与己方的位置关系和示意图，再加上传统的雷达、电子侦察等系统，探测出目标相对于己方的距离与方位，这样就能实时准确掌握整个敌我双方战场态势。

战场态势是综合军事信息系统的重要组成部分，导航定位系统在数字化战场中具有重要的地位，可以提升战场的透明度，把战场信息获取系统得到的情报信息图像画面实时地显示在指挥所的显示器上，所有己方战斗人员均可同时获得这些图像，从而对敌我双方的位置、态势、兵力集结和运动等情况一目了然。由于战场态势最基本的要素是敌我双方作战平台（包括飞机、舰艇、车辆、单兵等活动平台以及固定设施）在三维显示屏上所体现的空间几何位置和运动要素，因此，各种类型的导航定位系统是所有信息获取系统中主要的组成部分。战场的特殊环境和立体化配置的作战平台也要求导航定位系统能在提供透明的战场态势方面起到一定作用。联合战术信息分发系统（joint tactical information distribution system，JTIDS）就是一种常用的战场态势感知系统，它集成了通信、导航与识别技术，可以覆盖上千千米的范围并包含大量的用户，可用于局部战争的三军联合作战指挥控制系统中，产生实时战场敌我态势，有高精度的导航功能。它的基本工作原理是利用无线电信号的到达时间来测量目标的距离，从而完成定位。JTIDS 可以为陆、海、空三军和海军陆战队参加的战役级的联合作战提供支持。同时它又是无节点系统，具有很强的通信能力，通信信息使用快速跳频、直序扩频和纠错编码等方法，并且在信号中可以实现多重加密，这样就不易被敌方窃听和利用，有很强的抗干扰能力，在海湾战争中因效用突出而受到特别重视。另外一种战场态势感知系统是定位报告系统（position location reporting system，PLRS），它能实时提供战场上的实时分布图，与 JTIDS 类似，也是以网络通信技术为基础，依靠时差（time of arrival，TOA）来定位。

精确打击武器是导航定位系统在现代战场中的另一个重要应用部分，精确打击武器直接命中目标的概率一般达到50% 以上，它使军事作战样式发生了重大变化。精确打击武器从发射到命中目标的全过程都需要导航定位系统提供位置、速度、航向姿态参数和时间信号。目前绝大多数的精确打击武器中都装备了导航定位系统，从使用成本上来说，虽然单个武器的成本较普通武器昂贵，但其大大高于传统武器的命中率，反而使得作战成本下降，同时可以减少对其他目标不必要的破坏。

随着信息网络、精确制导、大数据和云计算技术的发展，以人工智能为主导的无人化战争逐渐发展成为新的战争形态。2020 年 10 月的纳卡冲突中，阿塞拜疆军队凭借大批低端无人机取得了战争的绝对控制权，无人机在战区自由出入，如入无人之境。通过无人机的空中侦察、轰炸引导，成规模地打击了亚美尼亚陆军，消灭了大量坦克。这场局部军事冲突以其结果证明，无人机群可以成为上一代机械化兵器之王——坦克的终结者，而小国借助无人机群即可实现以往军事大国才能拥有的制空权和拥有对地面单位的精确打击能力。此外，一些案例表明无人武器已经可以实现非接触式战争，实施不造成己方伤亡和敌方额外伤亡的精确斩首行动。

无人化作战在战争代价、毁伤能力、打击速度上都远远优于上一代精确制导武器作战，而导航定位系统作为无人化战争一个重要的传感器，可以给武器平台提供准确、可靠的位置、时间信息，已成为未来战争的核心要素。

7.1 卫星导航系统的安全与抗干扰

由于卫星距地球表面的距离十分遥远，而且卫星发射功率受限，使得卫星信号到达地球表面时已十分微弱，是电视机天线接收到的电视信号功率的 10 亿分之一，是手机接收到基站信号功率的万分之一。而地面设备会对卫星信号产生干扰，传输距离近且发射功率较大的设备极易对 GNSS 信号造成干扰。因此，卫星导航系统的安全应用问题势必成为军用装备关注的首要问题。

7.1.1 卫星导航对抗

卫星导航系统作为重要的军事信息系统，随着对其作用的认识不断加深，系统的对抗与反对抗、利用与反利用技术也越来越得到重视。下面首先介绍卫星导航对抗的概念，然后分析卫星导航系统可能受到的主要攻击手段，最后介绍应对措施。

1. 卫星导航对抗的概念

卫星导航对抗，也称为卫星导航战，由美国在 1997 年提出。卫星导航战概念一经提出便开启了导航对抗的全面研究。卫星导航战的根本目标是获取制导航权，具体包括如下三部分内容：一是保护，保护己方部队获得导航服务；二是阻止，阻止敌方部队获得导航服务；三是保持，保持战区外民用导航服务不受影响。

对于保护己方和阻止敌方很好理解，而保持战区外的正常使用，其原因是如果局部战争导致民用导航系统瘫痪，其损失将是十分巨大的，保持措施可将战争损失控制在局部范围内。

卫星导航对抗与电子对抗有很强的共性，共性的部分可以借鉴，有差异的方面仍需深入研究。目前卫星导航对抗已经从理论研究阶段进入战场应用阶段，必须给予高度重视。

2. 卫星导航系统可能受到的攻击分析

卫星导航系统由空间部分、地面控制部分和用户部分组成。其中任何一个部分在理论上都可能受到攻击，而且只要其中一个部分因受到攻击而停止工作或受到影响，卫星导航系统便会全部/局部停止工作或降低性能，如图 7-1 所示。

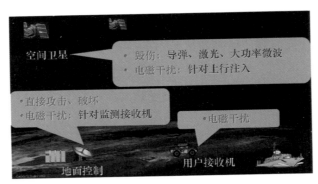

图 7-1　卫星导航系统可能受到的攻击

其中，对空间部分和地面控制部分的攻击将对卫星导航系统的工作造成重大影响，甚至使系统完全停止工作。然而，这类手段实现难度较大，在技术和资源上都有相当高的要求，且在政治、经济等各方面需要冒极大的风险，因而在一般局部战争中的可实现性较小。在和平时期和局部战争中，卫星导航系统所受到的威胁主要是电磁干扰，其实现难度小、政治风险低、效果显著，卫星导航系统面临电磁干扰的可能性较大。

3. 应对措施

针对卫星导航系统可能受到的攻击，可以采用以下应对措施：

对于空间部分，首先，要提高对卫星上行注入链路的抗干扰能力，卫星载荷上的上行注入接收机需要采取抗干扰措施，以应对注入信号的干扰；其次，需要建立卫星之间的星间链路，通过星间链路实现卫星之间的信息交互，使卫星具备自主运行能力，实现在无地面支持的情况下，连续工作较长时间仍然能保持要求的系统精度。

对于地面控制部分，除监测站中的监测接收机需要采用全向天线外，其他接收机均采用对干扰信号具有较高的抑制能力的大口径、高增益、窄波束天线，在基带信号处理部分增加抗干扰算法，以提高整个接收机的抗干扰能力。

对于用户部分，采取综合措施提高其抗干扰能力，具体措施有：

（1）接收机采用军用信号进行定位导航，军用信号本身的抗干扰能力比民用信号要强 10 倍以上；

（2）使用卫星增强战区的导航信号功率，可提高信号功率达 100~1 000 倍，大大提高系统的抗干扰能力；

（3）接收机采用时域、频域、空域等主动的抗干扰措施，减少进入接收机的干扰信号能量；

（4）战区部署伪卫星，提高局部区域导航信号功率；

（5）采取组合导航模式，如卫星/惯性组合导航，可大幅提升抗干扰性能。

7.1.2　卫星导航干扰

广义而言，卫星导航接收机从任何不希望接触的源所接收到的射频信号均可认为是干扰。主要包括甚高频通信设备的寄生辐射和谐波、卫星通信设备的频带外辐射和寄生辐射、移动和固定的甚高频通信台站、使用 GNSS 频带进行的点对点无线电链接、电视台谐波，以及某些雷达系统、移动卫星通信系统、军用系统和敌对方干扰机发射的干扰信号等。

从不同的角度，对卫星导航干扰有不同的分类方式。按干扰意图可将干扰分为恶意干扰和无意干扰。

・名词解释

– 恶意干扰 –

恶意干扰（人为干扰）是指采用干扰机在导航系统的工作频段上发射干扰信号，压制或欺骗对方的接收设备，使之无法完成正常的导航定位。恶意干扰具有强对抗性质，干扰样式复杂，可严重降低系统性能。对于军用接收机，在设计的时候就必须预先考虑恶意干扰（人为干扰）的影响。

– 无意干扰 –

无意干扰则是指生产生活中的各种电子设备在其正常工作时产生的可影响导航系统性能的电磁信号，也包括系统自身不可避免产生的可导致导航定位性能下降的电磁信号。

现实中世界上任何地方的 GNSS 接收机均会遇到低电平的无意射频干扰。我们日常生活所依赖的许多无线电设施均会发射 L 波段的射频能量，如在世界上大多数地区，用于空中交通管制、军事侦察和禁毒的雷达均工作于 L 波段，而 L 波段内所有的 GNSS 民用信号、雷达工作时发射的信号也会对 GNSS

造成无意干扰，而雷达信号一般是脉冲信号，因此导航接收机必须具备抗脉冲干扰的能力。

按干扰的方式可将干扰分为压制式干扰和欺骗式干扰。

· 名词解释

— 压制式干扰 —

压制式干扰是指以大功率干扰信号从时域上或频谱上对导航信号进行压制，以阻止敌方导航系统和导航接收机正常工作的干扰方式。压制式干扰又可分为瞄准式干扰和阻塞式干扰。

瞄准式干扰：将干扰信号的频谱对准导航信号频谱，控制在导航信号频谱范围内，如图 7-2 所示，干扰带宽小于导航信号带宽，且功率比导航信号高数十个分贝。

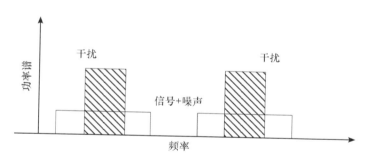

图 7-2　瞄准式干扰

阻塞式干扰：干扰频谱包含导航信号频谱，覆盖所有导航信号频谱范围，如图 7-3 所示。

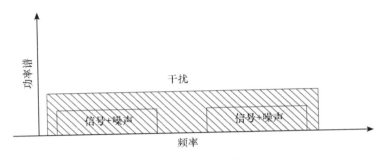

图 7 - 3　阻塞式干扰

• 名词解释

- 欺骗式干扰 -

　　欺骗式干扰是指利用干扰信号与导航信号的强互相关性实施干扰，随着互相关性的增强，干扰效果增强。

　　一种有效的人为干扰技术是采用基于相同调制图案的信号，在同一载波频率上形成一个频率匹配的干扰。欺骗式干扰是最典型的相关干扰，利用虚假的导航信号欺骗敌方接收机，使其计算得到错误的位置信息。干扰产生方式包括转发式和产生式两种。民用信号可能同时遭受压制式和欺骗式干扰；军用信号主要遭受压制式干扰，以及转发式干扰。

　　其他分类方式：

　　按干扰信号是否连续可分为：脉冲干扰和连续波干扰；

　　按干扰的来向可分为：同向干扰和不同向干扰；

　　按干扰是否平稳可分为：平稳干扰和非平稳干扰；

　　按干扰来源可分为：自干扰和外部干扰；

　　按干扰与信号是否相关可分为：相关干扰和非相关干扰；

　　按干扰的带宽可分为：宽带干扰和窄带干扰（干扰带宽小于导航信号带宽的10%），其中窄带干扰包括单音、多音干扰，线性调频干扰，以及窄带高斯干扰。

从不同的角度，干扰有不同的分类方法，其目的都是为了更好地建立数学模型和制订相应的抗干扰对策。下面就重点介绍两类常见的干扰：压制式干扰和欺骗式干扰。

1. 压制式干扰

压制式干扰是人为地发射干扰电磁波，使卫星导航接收机难以或完全不能正常接收导航信息，致使导航接收机降低或丧失正常定位或授时能力。有效的压制式干扰将导致敌方接收机不能定位或定位误差较大，它是一种强有力的人为积极干扰，是目前导航干扰的主要方式。以下将从干扰的产生机理入手，分别介绍压制式干扰中的噪声调频干扰、单/多音干扰、梳状谱干扰、脉冲干扰、扫频干扰、相关干扰等典型模型。

（1）噪声调频干扰

噪声调频信号的时域波形如图7-4所示，将噪声调制到了信号的频率中，形成不规则的信号频率。

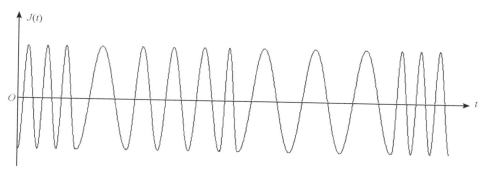

图7-4 噪声调频信号的时域波形

（2）音频干扰

①单音干扰

单音干扰就是干扰信号只发射一个正弦波，因此，它是一个单频连续波，它的角频率与被干扰信号的载波角频率相同。单音信号的功率谱是在干扰频率处的单根谱线，其时域波形和频谱如图 7 - 5 所示。

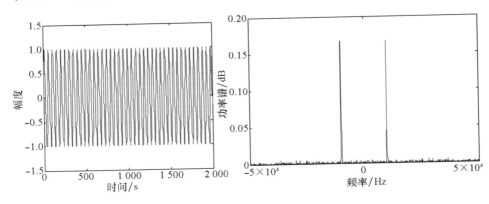

图 7 - 5　单音干扰的时域波形和频谱

②多音干扰

多音干扰的干扰机可以发射大于 1 个的正弦信号，这些音频可以随机分布，或者位于特定的频率上。多音干扰是由多个独立的正弦波信号叠加而产生的，功率谱为多根等间隔的谱线，其时域波形和频谱如图 7 - 6 所示。

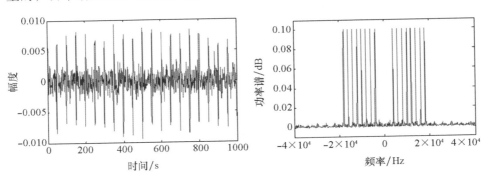

图 7 - 6　多音干扰的时域波形和频谱

③梳状谱干扰

梳状谱干扰是一种离散的阻塞式干扰。在某个频带内有多个离散的窄带干扰，形成多个窄带谱峰，通常多个窄带频谱是等间隔的，谱的形状好似一把梳子，因此称为梳状谱干扰。基于窄带噪声调幅信号的梳状谱干扰的功率谱如图 7 - 7 所示。

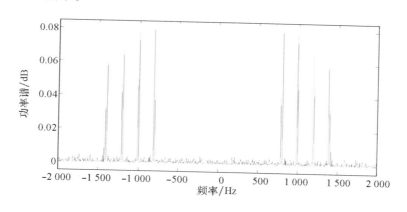

图 7 - 7 梳状谱干扰的功率谱

④脉冲干扰

脉冲干扰是利用脉冲序列组成的干扰信号。脉冲干扰有两种形式，一种是采用无载波的极窄脉冲作为干扰信号，另一种是采用有载波的窄脉冲作为干扰信号，两种形式的脉冲干扰的原理是相似的。

⑤扫频干扰

扫频干扰是一种时域和频域都分时的宽带干扰样式。它利用一个相对较窄的窄带信号在一定的周期内，重复扫描某个较宽的干扰频带。对于某个导航信道而言，干扰信号落在该信道中的时间和频率都是不连续的。

扫频干扰的扫频速度与本振调谐速度有关，同时也与被干扰的接收机的特性有关。当本振调谐速度一定时，扫频速度还需要考虑接收机的特性。由于对接收机而言，扫频干扰形成的是间断的干扰信号，当扫频速度太快时，接收机不能响应干扰，干扰效果会下降或者干扰无效。

⑥相关干扰

这里的相关干扰指的是互相关干扰，在卫星导航接收机内部基带信号处理中的解扩积分环节，或相关峰形成环节。干扰信号与接收信号越相似，干扰效果越好。

2. 欺骗式干扰

（1）产生式干扰

产生式干扰首先根据侦察得到的导航信号伪码结构，产生和其相关性最大的伪随机码，然后在伪码上调制和导航信息格式完全相同的虚假导航信息。它的内容和真实的导航信息基本一样，只是在某些数据上做了一些修改，从而使接收机不仅得到错误的伪距，而且还得到了错误的导航信息，定位的偏差更大。

（2）转发式干扰

转发式干扰是干扰设备接收到卫星导航信号后经过延时、增加功率后再转发出去，达到对目标进行欺骗干扰的效果。其优点是不需要对导航数据进行处理，军用加密信号也可以形成转发式干扰，缺点是欺骗信号由于有延时，较容易被接收机识别并进行抑制。

7.1.3 抗干扰技术

卫星导航系统由空间部分、地面控制部分和用户部分组成，导航系统的抗干扰技术主要有以下几种：

1. 系统级抗干扰技术

系统级的抗干扰技术指结合信号体制设计、卫星和地面进行技术改造、合理增加辅助设备等综合方法，来提升整个卫星导航系统的抗干扰能力。如 GPS 现代化中采用了较多的系统级抗干扰措施，包括 GPS 现代化的军民频谱分离、无数据调制的导频信号、采用新的基带调制方式、点波束功率增强、伪卫星增强、组合导航等。

2. 接收机抗干扰技术

卫星导航系统的接收机抗干扰包括星上抗干扰、地面中心站抗干扰、用户机抗干扰。目前的抗干扰研究主要针对地面中心站和用户机。地面中心站和用户机都属于地面接收系统，其信号接收和处理过程非常相近，大部分抗干扰技术是两者共用的。不同之处在于，地面中心站不用过多考虑体积和成本问题，其研究的重点是性能；而用户机不得不折中考虑体积、成本和性能。

接收机抗干扰技术主要是利用数字信号处理技术对接收到的信号进行处理，最大限度地抑制干扰，从而提高接收机性能。从使用的方法及原理来看，主要包括以下三类：

时域滤波：根据有用信号和窄带干扰信号不同的自相关特性，利用自适应滤波器来抑制干扰；

频域滤波：根据有用信号和窄带干扰信号不同的频谱特性，利用数字信号处理技术对干扰谱线进行抑制；

空域滤波：根据有用信号和干扰信号不同的空间信息，来区分信号和干扰。

以上三种方法各有利弊。时、频域滤波的优点是硬件规模小，主要利用数字信号处理技术来实现抗干扰，其缺点是对宽带干扰的抑制能力弱。空域滤波的优点是可同时抑制窄带干扰和宽带干扰，对干扰带宽不敏感，但硬件规模较大。因此，在实际使用中，通常采用几种滤波方法相结合的抗干扰方案，如空域滤波加时域滤波，空域滤波加频域滤波等。在空时（或空频）联合抗干扰方案中，空域滤波侧重于抑制宽带干扰，时域（或频域）滤波侧重于抑制窄带干扰，从而达到较好的干扰抑制效果。

7.1.4 时间战

随着信息时代的发展，时间信息几乎是所有行动的基础。在定位、导航与授时（PNT）体系中，高精度的时间基准是整个卫星导航系统实现定位、定时和导航的基础，精确的时间同步是各类武器装备、平台、各级作战指挥系统兼容、信息融合的根本。唯有精确授时，才能够使"发现即摧毁"的快速协同作战成为可能。因此，需要对时间信息服务的干扰与抗干扰、欺骗与反欺骗给予重视并深入研究。

1. 时间战的内涵

时间战也称为授时战，美国于 2017 年正式提出授时战的概念，强调"对于 PNT 中的授时要像对导航定位一样重视"。2018 年 12 月，美军空军正式成立授时战协调办公室，对授时战进行战略管理。授时是国家信息安全的核心要素，具有基础性和全局性，地位极其重要。在民用领域，如电力系统、交通系统、通信系统等的正常运行都依赖于时间。在军事领域，各类武器装备、数据链、传感器融合、指挥控制等几乎都离不开精准的时间信息，详见图 7-8。

图 7-8   时间在军事领域的重要性

· 名词解释

– 时间战 –

时间战是面向一体化联合指挥作战的战场时间保障进行攻击对抗的作战样式，是针对时间信息获取、传递和应用等环节展开的全方位对抗，包括摧毁卫星系统、瘫痪地面运控系统、阻断传递链路、压制无线电授时信号、破译和欺骗授时信号等，实现对敌方时间信息的破坏，保障己方和友方时间信息的安全与连续，同时不影响战区以外区域和平利用时间信息，并最终形成战场的信息优势地位。

2. 时间战的干扰方式

时间战的主要作战对象为各种体制的授时系统，包括卫星导航授时、长波授时、短波授时、低频时码授时、网络授时等。时间战干扰方式包括物理摧毁、压制干扰和欺骗干扰。

物理摧毁是指通过直接打击卫星导航系统的卫星星座与地面运控系统、长短波授时信号发播台、指挥所时频统一系统，破坏其时间信息源头，使其彻底失去播发授时信号的能力。

压制干扰是发射大功率干扰信号来迫使授时接收机饱和，或以宽带均匀的干扰频谱全面阻塞接收机使其处于非工作状态，接收不到授时信号，从而达到干扰的目的。

欺骗干扰是指发射与真实授时信号具有相同参数（只有信息码不同）的欺骗信号或者转发真实授时信号，使授时接收机得到虚假的时间信息，达到对时间信息进行欺骗的目的。

3. 时间战与导航战特点

时间战和导航战是现代化战争夺取"制时空权"的重要手段，对打赢信息化战争起着至关重要的作用。时间战与导航战相比，既有相同之处，又存在特殊之处。

相同之处是两者都基于 PNT 体系建设，概念统一，都为保障己方与友方时间、频率和位置等时空基准信息的获取与利用，阻止或降低敌方的时空基准信息的有效使用，并不影响战区外区域时空基准信息的和平利用，且对抗手段较为类似。但相比于导航战，时间战对精准度的要求更苛刻，对抗维度也更广泛。

7.2 定位、导航与授时体系建设与发展

由于 GPS 具有易受干扰和遮挡的天然脆弱性，为了解决 GPS 在复杂场景

下的使用问题，美国早在 2004 年就提出了天基 PNT（space-based PNT）的概念。天基 PNT 是指 GPS 与其他 GNSS 系统结合来提供稳定可靠的导航服务。内容主要围绕 GPS 现代化来展开，采用 GPS Ⅲ 新型卫星和高精度的星载铷原子钟，增加多频段新体制的导航信号，以及提高与其他 GNSS 系统的兼容性和互操作性，以进一步提高 GPS 服务的质量。

然而即使是多系统的 GNSS 也不能避免无线电导航信号受干扰和遮挡的问题，于是如何综合利用多种不同物理基础的导航源来实现高效、连续、稳定、可靠的导航服务，就成了人们进一步追求的目标。因此在天基 PNT 的基础上，2005 年，美国又提出了 PNT 体系的概念，其目的是制定一个全面的国家 PNT 体系，在各种物理和无线电拒止环境下不依靠 GNSS 提供导航服务，到 2025 年左右建成国家 PNT 体系，为美国提供更加有效和高效的 PNT 能力，并为政府提供各种系统和服务，探索一条渐进的发展道路。2008 年，美国政府又发布了体系结构的研究报告 "National Positioning, Navigation and Timing Architecture Study"，报告主要内容有：①利用多种不同物理基础的导航源建立 PNT 系统，以提高导航系统的可靠性；②提供具有可交换能力的解决方案，即当系统中导航源 A 不可用时，导航源 B 能无缝替代；③PNT 导航系统与通信系统的融合，目前通信网络只是提供导航增强信息，下一步将利用通信信息直接扩展 PNT 导航的能力；④建立国家协调机构，确保 PNT 结构中高效的信息资源共享及相关技术和应用的开发工作能协调进行。

2019 年，美国国防部发布《国防部 PNT 战略》，在其中提出的"国防空间体系"七层架构中包含导航架构，即构建备份 GPS 系统能力，发展具有"颠覆性"与"可持续性"的能力。因而，如何更好地发挥美国天基 PNT 系统与服务、GPS 系统与服务的作用，增强美国在国际政治、经济、军事与外交领域的地位，也成为美国政府面临的一大课题。

2021 年 1 月 15 日，美国总统特朗普发布了《航天政策 7 号令》，即 2021 年版《美国天基定位、导航与授时政策》。该政策取代了 2004 年版《美国天基定位、导航与授时政策》，将对美国天基 PNT 系统、国家 PNT 体系，以及

PNT 关键技术、能力等的发展产生重大影响。2021 版《美国天基定位、导航与授时政策》增加了"PNT 服务""主要 PNT 服务""备份 PNT 服务"和"导航战"等 4 条术语，前 3 条术语体现了当前全球 PNT 领域格局的变化与对 PNT 服务可用性、可靠性与稳健性要求的提高，第 4 条术语"导航战"，体现了"导航战"能力已经成为现代战争能力的重要方面之一，增强"导航战"能力也是美国 GPS 现代化计划的主要内容，导航对抗已经成为未来军事对抗的重要内容，甚至影响军事行动的成败。

在 PNT 体系架构的军用方面，主要以 GPS 为主，与其他自主导航和通信系统融合，满足未来对抗条件下的军用需求；在民用方面，以 GPS 及其增强系统（WAAS）为主，并建立其他地基增强系统（如 eLoran）作为 GPS 的备份系统。

7.2.1　定位、导航与授时体系架构

由于美国是最早定义 PNT 体系结构的国家，接下来主要介绍美国的国家 PNT 体系结构，主要包括体系覆盖的范围、实现策略、构建方法，最后介绍美军军用 PNT 系统的建设情况。

· 名词解释

– PNT 体系 –

PNT 体系是指承担国家统一规范的时空基准建立与维持、时空信息播发与获取、定位导航授时服务与应用等任务，多系统增强、补充、备份、融合，基准统一、覆盖无缝、安全可信、高效便捷的国家信息基础设施。

PNT 体系从国家战略层面来协调规划各种导航传感器的建设、使用和融合方案，它将成为国家信息基础设施。它的出现将使得目前无论军用还是民用过分依赖 GNSS 的局面得以改变，它具备自适应性、互操作性、鲁棒性和持续性，几乎能够解决所有场景下用户的定位、导航、定向、授时问题。

1. PNT 体系的覆盖范围

PNT 体系结构对用户域、空间域、任务域、信号源域及系统管理域都进行了定义，如图 7 - 9 所示，用户包括军事用户和民用用户；在空间方面，PNT 系统能覆盖空天（包括深空）、地面、水面、地下、水下等领域；能使用的信号源包括 GNSS 及其增强系统、各种网络、自主导航系统、深空导航系统，可以说几乎覆盖了所有目前能使用的导航系统；对 PNT 系统的管理机构从国家、民用、商业和国际社会等各方面均设置了不同的管理权限和对象。

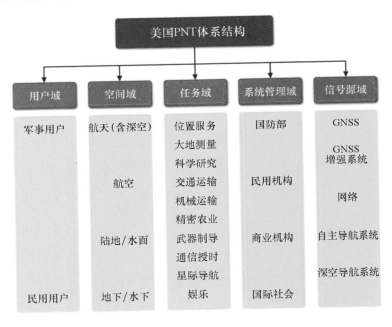

图 7 - 9   美国国家 PNT 体系结构范围

2. 实现的策略

2010 年 4 月，美国国防部与运输部联合发布了《国家定位、导航与授时体系结构执行计划》，提出通过采取一种"最大共性需求"策略，提供可以满足大部分用户需求的有效标准方案，该策略能够促进 GPS 现代化改造。PNT 体系的实现策略是最大公用数策略，即提供满足大部分用户需求的方案，具备普适性，且关注低功耗、小型化、低成本的解决方案。但对于一些特殊场景，也将有针对性地提供专用解决方案。

3. 构建方法

PNT 体系的构建方法分为以下四个步骤：

（1）数据收集

在体系建设以前，通过收集 PNT 体系的需求、功能、可用技术等方面的信息，来确定系统的建设目标。数据收集包括对未来使用环境的预测、用户需求分析、风险管理、演化要素等。表 7 - 1 是基准数据构成要素表。

表 7 - 1　基准数据构成要素

数据来源	内容
天基 PNT 信号源	GPS（美国） GLONASS（俄罗斯） BDS（中国） Galileo（欧盟） QZSS（日本） IRNSS（印度）
增强系统信号源	WAAS（美国的广域增强系统） TASS（跟踪与数据中继卫星系统增强服务卫星） 商业增强系统 MTSAT（日本的多功能传送卫星增强系统） EGNOS（欧洲对地静止卫星重叠导航系统） GAGAN（印度的地球增强导航系统）
地基信号源	LORAN - C 和 eLoran VOR/DME（伏尔/测距器），TACAN（塔康导航系统） ILS（仪表着陆系统），无线电信标 跟踪信号，手机网络
地基增强系统信号源	NDGPS（全国范围差分 GPS 系统） MDGPS（海事 GPS 差分系统） 商业增强信号 GBAS CAT - 1（支持一类着陆的地基增强系统） DGPS（差分 GPS） JPALS（联合精密进近着陆系统）

（续表）

数据来源	内容
自主导航源	惯性导航，指南针，时钟，天文导航，星像跟踪仪，匹配导航，多普勒导航，计步器
基于网络的 PNT 增强系统	GDGPS（全球差分定位系统） CORS（连续运行基准站） IGS（国际 GNSS 服务系统）
环境	电磁频谱，天气，财政，地缘政治，人口分布，技术成熟度
架构基础	时频标准，参考框架，星图，建模，地图/海图/测绘，光电技术，密码学，激光测距网络，科学与技术，测试验证，政策，各种管理机构等

（2）体系权衡空间的构建

综合考虑建立 PNT 体系的各种要素，包括设备的体积、功耗、成本、导航的自主性、精度、信息更新率等，从自主能力、服务范围和导航源位置三个维度来描述体系中各种 PNT 技术的差异性，在这三个维度上来考虑各种 PNT 技术的解决方案。如图 7 – 10 所示为体系权衡的三维空间示意图，每一维都定义了一种性质，其中 Z 轴方向定义了导航源的位置，陆地指的是导航

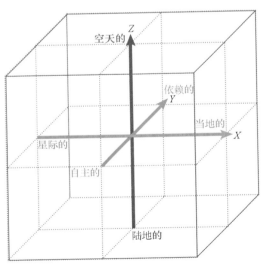

图 7 – 10   体系权衡三维空间示意图

源来自地球陆地的地下或地表，空天指的是导航源来自太空。X 轴定义了导航服务覆盖范围，是覆盖一个固定位置还是贯穿整个太阳系；Y 轴定义了自主能力，自主指的是除初次校准外，不需要提供外部信息就能自主导航，而依赖指的是需要依靠外部提供信息才能导航。每一种导航源根据其自身的特点在三维空间中都有一个唯一的位置，这样就建立了对这种导航源特性的评价基础。

（3）典型 PNT 结构开发

典型 PNT 体系结构有六种：进化基线、依赖陆基导航、多 GNSS 系统、网络辅助的 GNSS、辅助的自主传感器和辅助源、高度自主导航。每个体系结构在体系权衡的三维空间中固定占据不同位置，从这些位置可以得到每种结构的互操作性、一致性、适应性、稳健性和可维持性的评价体系，对这些指标进行评估，可以满足不同用户在不同场景的需求。

（4）混合 PNT 结构开发

在前面的基础上，有三种混合 PNT 体系结构：①最大公用数体系结构，重点考虑采用具有依赖性的大范围的播发式服务，旨在保证 PNT 用户端在低负担的条件下实现更多公用能力；②以网络为中心的最大公用数 PNT 体系结构，重点在于利用各种类型的通信网络促进 PNT 体系各要素之间的协作和融合，以提高 PNT 能力；③可接受的最小公用数 PNT 体系结构，其核心思想是通过增加 PNT 用户端负担，为用户提供定制化的多种自主导航方式的集成方案。以上三种体系架构，都是通过最大程度在用户端或系统端集成，以满足不同类型用户的需求。

4. 美军的军用 PNT 建设情况

美国陆军未来的 PNT 能力体系以 GPS 系统及服务为核心与基础，以 GPS 现代化计划中的 M 码军用信号、星上信息功率可调、点波束增强和抗干扰、抗欺骗等新信号、新功能为依托，以自主导航和各种可用导航信息源为补充，以组合、融合、网络化为方法或途径，构建满足未来陆军作战需求的 PNT 能力。如图 7 - 11 所示为美国陆军在 2010 年时定义的 PNT 能力发展路线图，从图中可以看出，美国陆军将以深度融合与导航战能力为发展主线，构建通信、导航、指挥、信息一体化的网络化 PNT 能力，这种能力是以基础 PNT 能力、技术与融合方法为保证，网络（各类数据链、战术网络、Wi-Fi 等信息技术手段）和用户装备则是实现上述目标的基础平台，而降低装备和各种系统的尺寸、质量、功率和成本则是贯穿始终的目的。

图 7-11　美国陆军 PNT 能力发展路线图

在装备性能方面，美国陆军更加重视 PNT 装备的轻小型化、低成本，这是由陆军的特点决定的，特别是对脱离作战平台（如坦克、装甲车、直升机等）的作战人员、特种兵等而言更是如此。

为了在 GNSS 不可用时提供持续可靠的 PNT 服务，与国家 PNT 体系相适应，美军也致力于自主导航系统的研制，重点研究提供导航和时钟的各种微 PNT 核心组件，具有代表性的是以微机电、微电子技术为基础，轻型化、小体积、低功耗、低成本、高精度、自校准的芯片级惯性导航系统和芯片级原子钟等核心组件。

总的来说，美军未来 PNT 能力的发展将以 GPS 系统为基础，以自主导航、通信与 PNT 融合为途径，以满足未来对抗条件下的军事 PNT 需求。

7.2.2 定位、导航与授时新技术研究

为了适应 PNT 体系的建设，PNT 新技术研究主要集中在 PNT 系统架构软件设计、物理核心器件研制等技术上，以下将重点介绍其中的自适应导航技术、微型定位导航授时技术。

1. 自适应导航技术

自适应导航系统（adaptive navigation system，ANS）的重点是研究新的算法和体系架构，以适应各种导航源的信息融合和即插即用功能。其中全源定位与导航（all source position and navigation，ASPN）系统是 ANS 的重点。

• 名词解释

– 全源定位与导航系统 –

所谓全源定位与导航系统，就是以惯性导航系统为核心基础传感器，与 GNSS、各种匹配导航系统、时钟、磁罗盘、气压计、雷达等众多的导航系统相融合，提供导航定位服务的系统。

图 7 - 12 为 ASPN 的组成框图，惯性导航系统作为核心，具有不依赖外界环境，能提供稳定可靠导航数据的特点。ASPN 需要重点提升三个功能：第一，提供即插即用的软硬件组件，使各种导航源能在系统中自由切换，当某种导航源在特定场景中不适用时能无缝使用其他导航源替代；第二，提供高效简单的融合算法，能快速有效检测导航源故障，使各种导航源的数据能有效使用而不出现互斥或冗余；第三，建立各种导航源统一的时空框架，在统一框架中进行数据融合与定位导航解算。同时 ASPN 还应该考虑导航源的功耗、体积、质量等在系统中的影响，实现低功耗、小型化的系统组成。全源定位与导航技术，能够解决用户在复杂对抗条件下获取精确、稳定可靠的导

航定位授时信息的难题，确保战场环境下各种武器平台的导航定位授时服务。

图 7 – 12   全源定位与导航系统组成框图

2. 微型定位导航授时技术（Micro-PNT）

2010 年，美国国防高级研究计划局启动了 Micro-PNT 的研究，所谓的 Micro-PNT，就是用微机电系统开发精度更高、稳定性更好的芯片级定位系统和时钟系统。它的总体技术构成如图 7 – 13 所示，主要由四个部分组成：微型时钟、微型惯性传感器、微尺度集成、试验与鉴定。其中微型（芯片级）时钟和微型惯性传感器是研制的核心器件，芯片级时钟系统包括芯片级原子

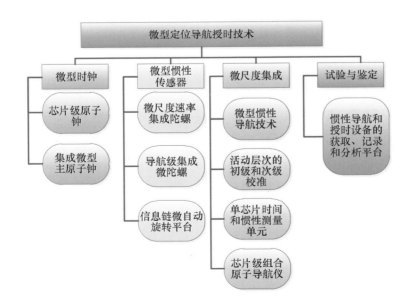

图 7 – 13   Micro-PNT 技术构成框图

钟、集成微型主原子钟；微型惯性传感器包括微尺度速率集成陀螺、导航级集成微陀螺、信息链微自动旋转平台等。另外两个辅助技术是微尺度集成平台和试验与鉴定平台，主要对微型惯性导航器件进行集成、校准、试验、鉴定和分析。

芯片级原子钟也可称为微型原子钟，具有体积小、质量小、功耗低、稳定度高等特点。2019 年 5 月，美国国家标准与技术研究院的物理学者演示了一种实验性的新一代原子钟，它由三个小型芯片配合电子与光学器件构成，尺寸比平常的原子钟要小很多。芯片原子钟的核心是芯片上的蒸汽室，如图 7 - 14 所示，其大小与咖啡豆相当。

图 7 - 14　芯片原子钟的蒸汽室

芯片级原子钟的发展为高安全超高频通信和抗干扰 GNSS 接收器提供了超微型、超低功耗的时间和频率基准，大大提高了超高频通信、导航相关系统和平台的机动性和稳定性。如图 7 - 15 所示是某个原子钟的原型样机，它的尺寸可以达到 38 毫米 ×38 毫米 ×9 毫米。芯片级原子钟可以促进微小型惯性导航系统在船舶、飞机、潜艇等运输器上的应用，也可大大缩短军用 GNSS 设备捕获时间，做到精确计时，可以帮助作战部队快速重捕导航卫星信号，芯片级原子钟还适用于手持低功耗通信设备和个人导航仪。同时微型原子钟和其他先进的计时技术还可以集成到 GPS 导航卫星上，从而研制 "纳米 GPS 卫星"，极大提高导航卫星星座的生存能力。

图 7 – 15　原子钟原型样机

　　基于 MEMS 的陀螺仪和加速度计是芯片级惯性导航的主要部分，目前最具发展潜力的高精度芯片化陀螺仪是 MEMS 谐振环陀螺仪，精度已经实现优于 0.1 度/时，而 MEMS 的加速度计成熟度相对较高，目前最具发展潜力的高精度芯片化加速度计是 MEMS 谐振式加速度计，精度达到优于 $5 \times 10^{-5} g$。

　　英国 BAE 公司采用 MEMS 谐振环陀螺仪实现了陀螺仪产品的系列化，最小体积 25.4 立方毫米，可以把它植入士兵的战靴中，实现单兵全时导航。此类陀螺仪具有超高抗高冲击能力，并且采用数字闭环电路控制，通过改变标度因数控制环路参数，其量程在 600 ~ 12 000 度/秒的范围内可调，其零偏稳定性小于 0.1 度/时。BAE 公司生产的谐振环陀螺仪有角速率和速率积分两种模式，研制的产品用于高速旋转弹、中程导弹和"神剑"精确制导炮弹等武器系统。如图 7 – 16 所示是 BAE 公司的系列 MEMS 陀螺仪。

图 7 - 16 BAE 公司的系列 MEMS 陀螺仪

另外，谐振式加速度计是一种基于 MEMS 技术加工，基于谐振式感应原理检测加速度的惯性传感器，其组成一般是质量块、微杠杆和谐振器，物体运动带来的加速度，使得质量块的惯性力经由微杠杆放大施加在谐振器上，从而引起谐振器固有频率偏移，再经外围电路得到加速度值。相比于传统的压阻式、压电式、电容式和隧道电流式等模拟 MEMS 加速度计，谐振式加速度计具有准数字信号输出的优势，而数字电路具有兼容性高、抗干扰能力强、稳定性好和精度提高潜力大等特点，因此，谐振式加速度计是未来加速度计发展的主流方向。美国诺格公司研制的哈布尔半球谐振陀螺仪，其零偏稳定性达 8×10^{-5} 度/时，角度随机游走达 1×10^{-5} 度/时。法国赛峰电子与防务公司研制的奥尼克斯纯惯性导航仪，是精度很高、体积非常小的一款纯惯性导航仪，如图 7 - 17 所示。

图 7 - 17 法国赛峰电子与防务公司研制的奥尼克斯导航仪

7.3 导航定位的军事应用

7.3.1 精确制导武器

• 名词解释

－ 精确制导武器 －

精确制导武器是指使飞行器按特定路线飞行，精确控制和引导武器系统对目标进行攻击的武器，它是精确测量技术和精确控制技术在军事上的成功应用。

精确制导技术按照不同的引导方式可以分成自主式、寻的式、指令式、波束式、图像式和复合式等。其制导的原理是在导弹发射后，制导系统不断测试导弹飞行和天体、地形的位置关系，并将这些数据输入导弹上的计算机，与原来存储的模型或数据相比较，再将这些偏差转换为控制信号，实时控制导弹的飞行，这样就能使导弹飞往预定的目标。

精确制导炸弹是精确制导武器的一种，与普通炸弹不同，精确制导炸弹有动力系统，它的成本比普通炸弹要高很多，但作战效能也比普通炸弹要高很多。通常，武器命中精度提高一倍，等效于弹药当量增加到八倍。因此，精确制导武器可以以很少的弹药就实现以前要使用大得多的弹药量和多次攻击才能达到的作战目的。科索沃战争中，美军作战虽然使用的精确制导炸弹只占对地攻击弹药的35％，但其消灭的目标数量却占总数的74％。精确制导武器的这种高技术、高精度、高强度和高通用性，使其日益成为精确打击的主角。

传统的精确制导炸弹制导方式包括惯性制导、毫米波雷达制导、激光制

导、电视/红外成像导引、半自动瞄准线指令制导、有线制导、非冷却式红外
成像导引、高级激光制导、半主动激光制导、光纤制导等。

其中惯性制导的工作不受外界干扰，制导精度可达最大射程的万分之几，
广泛用于战术导弹的主动段制导和全程制导。雷达制导不受天气影响，主要
用于弹道末段制导，当导弹飞到目标上空时，弹上雷达扫描目标区，目标区
地形特征比较明显时，命中的圆概率偏差仅有几十米。雷达指令制导主要用
于弹道中段制导，它的作用距离远，不受天气影响，但制导误差随距离增加
而增大，且易受无线电干扰。寻的制导用于弹道末段制导，多采用被动式制
导，这种制导结构简单、成本低、尺寸小、分辨率高，但受云雾等气象条件
影响较大。另外，激光制导是 20 世纪 70 年代开始较为普遍使用的制导方式，
飞机在投放激光制导炸弹时，用一个激光束始终指示着攻击目标，同时另一
个激光设备引导炸弹，激光束在炸弹下落的过程中需要始终照射炸弹与目标，
才能保证炸弹准确命中目标。电视制导指炸弹上安装了摄像头，将拍摄到的
景物与目标进行比较匹配，从而调整攻击的方位。激光制导与电视制导均受
天气环境的影响较大，1999 年美国攻击南联盟时，主要使用的就是激光和电
视制导炸弹，然而经常笼罩在南联盟上空的云层常常使进攻由于制导系统失
效而取消。

为了解决这一问题，许多新型的制导方式被开发出来，卫星导航是不受
天气和能见度影响的导航系统的典型代表。在北约对南联盟的轰炸中美军使用
了约 400 枚以 GPS 为主要制导方式的 Block Ⅲ型"战斧"式巡航导弹，它是在
海湾战争中使用过的 BGM - 109C/D 基础上研制出来的，最大射程 1 667 千米
（舰射）/1 127 千米（潜射），命中精度 3～6 米（理论），巡航高度 15～150 米，
巡航速度 0.5～0.75 马赫，单枚价格约 140 万美元。GPS/INS 组合导航，是在
伊拉克战争后迅速发展起来的一种较为完美的制导方式，它利用了卫星导航
系统全天时、全天候、全球定位的特点，又结合了惯性导航自主导航避免电
磁干扰的优点。例如，Block Ⅱ型"战斧"式巡航导弹，一开始使用的是地形
匹配导航完成中段制导，用景象匹配系统完成末段制导。然而由于地形匹配

的结果造成打击任务规划时间长达一星期，操作使用不灵活，同时在地形辅助制导时，导弹必须低空飞行，易被敌方摧毁。改良后的 Block III 型"战斧"式巡航导弹，利用 GPS/INS 做中段制导，可大大缩短任务规划时间。同时由于 GPS 的全球覆盖性，导弹可以快速打击射程内的全球范围的任意目标，且打击精度和可靠性高。但这种制导方式只适合打击固定目标，当打击目标不断运动时，制导方式就失去了作用。如在科索沃战争中，尽管美国出动了 E - 8A 联合监视目标攻击雷达系统（J - STARS），持续监视南联盟的移动目标，但由于南联盟的部队分散成小股运动，精确制导武器没有对他们造成大的危害。

于是，在 2003 年后，精确制导武器发展的一个重要方向就是攻击移动目标。例如，发展超高声速巡航导弹，以及在"战斧"式导弹和 JDAM 上加装数据链，数据链能够使它们待机攻击或根据传感器的信息不断更新目标位置。但这只能解决可搬动目标的攻击。所谓可搬动目标，指目标从一个地点搬动到另一个地点继续工作，一段时间后又撤离，如移动雷达站、机动指挥所、地空导弹和地地导弹发射装置。而对于移动目标，如坦克、战车和舰艇等，是边移动边工作的，卫星导航已经不适用了。若要实现对移动目标的精确打击，可以使用机载合成孔径雷达，它能探测移动的地面目标，利用各种估计算法以高精度和可靠性建立和预测目标的轨迹。对于目标沿着可预测的轨迹行驶，如一条直线或数字地图上的道路的情况，能够使用航迹滤波和预测算法，缩短目标数据的延迟等待时间，实现实时打击，而对于目标随机机动闪躲的情况，就要求实时频繁地更新目标的坐标，以达到精确打击的目的。

7.3.2 飞机着陆与着舰

飞机的飞行过程包括滑跑、起飞、爬升、航路飞行、下降、进近、着陆等，其中飞机着陆是整个飞行过程最容易发生事故的阶段，据统计其故障率占整个飞行过程的 30%~50%。

· 名词解释

– 飞机着陆系统 –

飞机着陆系统，就是测定飞机的方位、距离、位置以及其他导航参数，用以引导飞机沿预定航线准时到达预定目标，安全返航着陆的各种设备的总称。

飞机着陆系统是保障飞机全天候准确、安全飞行的重要技术装备。

根据不同气象条件下引导飞机着陆的能力，国际民航组织将着陆系统分为三类五种，如表 7 – 2 所示。

表 7 – 2　着陆系统分类

类别	决断高度/m	跑道视距/m
Ⅰ	60	800
Ⅱ	30	400
Ⅲ A	0	200
Ⅲ B	0	50
Ⅲ C	0	0

上表给出了着陆系统在特定气象条件下能引导飞机的最低高度，它代表了着陆系统的着陆能力。其中决断高度是指飞行员对继续下滑着陆做出判断的高度，判决依据是能否看到足够长的跑道，当可视跑道过短时，飞机将被拉起复飞，准备等待下一次着陆。一般决断高度与着陆系统最低的引导高度对应，飞机飞过决断高度后，飞行员需依靠肉眼引导飞机继续下滑着陆。跑道视距是气象条件的一种度量，它表示能见度的距离。

Ⅰ类着陆系统应该保证在能见度不低于 800 米时，系统将飞机引导到离地高度 60 米的距离，此时飞行员在能充分看到跑道的情况下实行目视着陆。Ⅱ类着陆系统应在能见度不低于 400 米的条件下，飞行员将飞机引导到离地高度 30 米的距离，实现目视着陆。Ⅲ类着陆系统是真正的盲着陆系统，需在跑道视距很小甚至几乎不可见时准确引导飞机着陆。它又可分为 A、B、C 三种情况，A 类着陆保证跑道视距不低于 200 米时引导飞机着陆，B 类着陆在跑道视距不低于 50 米时引导飞机着陆，C 类着陆是飞行员完全看不到跑道时引导飞机着陆。

着陆是飞机一次飞行中的最后一个阶段，是将飞机从航路飞行引导到地面跑道并完全停止的过程，一般着陆分为四个阶段。

（1）进场

进场是指将进入机场空域的飞机从航路引导到下滑路径的入口，即将飞机从离机场 150 千米左右的地方引导到离机场 30 千米左右的地方，以保证飞机能够接受下滑设备的信号，这个过程称为进场。

（2）下滑

下滑是指引导进场的飞机沿预定的下滑线从下滑路径的入口到决断高度的过程。此阶段的引导任务主要靠着陆系统完成。

（3）拉平

拉平是降低飞机下降速率的一种操作，它可以在决断高度之前实施，也可以在决断高度之后实施，需要视具体情况而定。拉平后，飞机沿更小斜率的下滑轨迹下滑着陆。由于不同飞机的下滑角度不同，如小型高速飞机的下滑角大，低速飞机的下滑角小，为了适应机场的跑道情况，不同机种飞机的拉平高度不同。飞机经过平飞减速和飘落，到达着陆地点。

（4）接地和滑跑

接地和滑跑是一次飞行的真正结束，是指从飞机鼻轮着地到飞行员目视引导飞机在跑道视距内滑跑，找到出口并在停机坪停机的过程。

陆基无线电飞机着陆系统是历史最悠久的着陆系统，在陆基无线电着陆系统出现以前，飞行员主要靠目视着陆，地勤人员只在地上点几堆篝火，或者铺设一块"T"形的布做引导，并不需要专门的着陆设备，完全依靠飞行员的目视来着陆，这样就受到昼夜时间、地理环境和气象条件的严重限制。

20 世纪 20 年代，开始出现在飞机上安装简单的航行仪表，依靠人工计算，能够判断出飞机的概略位置，至 20 世纪 30 年代初，无线电测向技术的应用，使得定向机/无方向性信标成为飞机无线电导航的开端，直至今天，许多国家和地区，定向机/无方向性信标仍然还在使用。1941 年出现了仪表着陆系统，特别是在二战期间，各个国家相继推出了不同型号的仪表着陆系统，它们的工作频率不同，缺乏统一的要求与信号格式，互相不通用、不兼容，给国际互航带来了困难。于是，1948 年，ICAO 在芝加哥会议上把仪表着陆系统确定为国际标准着陆系统，还规定了全世界通用的信号格式和飞行规则。仪表着陆系统使用至今已有 70 多年的历史，目前正在提供 I 类和 II 类仪表进近着陆，在个别设施完善的基地，也能提供 III 类精密进近和自动着陆引导。

雷达着陆系统是继仪表着陆系统后出现的一种盲着陆系统，它不需要专门的接收机和仪表，飞行员只根据地面领航员的进近口令，操纵飞机进近和着陆。它适合在复杂的气象条件下，当飞机飞到雷达探测范围时，着陆领航员在雷达显示器上测量飞机的航向角、下滑角和相对着陆点的距离，并且和理想下滑线比较，得出偏差值，指挥飞行员操纵飞机沿着理想下滑线下降到 3~50 米，然后转入目视着陆。它的核心是一部着陆雷达，工作在 X 频段，天线的扫描方式有机械扫描、机电扫描、相控阵扫描等，图 7-18 为雷达着陆系统示意图。

图 7-18　雷达着陆系统

从 20 世纪 60 年代开始，世界各发达国家开始采用微波技术研制新型的着陆系统。由于微波波束扫描具有可靠性强、抗干扰能力高，设备的安装和维护成本低，并可适应不同机种和机场的着陆需要的优点，1976 年，ICAO 选定了时间基准波束扫描技术体制为标准的微波着陆系统方案，由此开创了微波着陆的时代，图 7－19 为微波着陆系统示意图。

图 7－19　微波着陆系统

以上这些系统，都是在地面建立导航台，对飞机进行引导着陆，20 世纪 50 年代开始，在飞机上出现了惯性导航系统和多普勒导航系统，从而减少了飞机着陆时对地面导航台的依赖。20 世纪 60—70 年代，罗兰－C、奥米伽等远程无线电导航系统的出现，解决了远程飞行的无线电导航和定位问题。

航空母舰作为支持海军空中作战的平台，经历了近百年的发展，它使传统的海战从平面走向立体，开创了现代意义上的全维海战，并成为现代海军的战略核心。除一些自备武器外，航空母舰主要的战斗力来自舰上的飞机，一般一艘航母可搭载数十架不同作战任务的舰载飞机，包括战斗机、攻击机、反潜机、预警机、侦察机、电子对抗机、运输机、空中加油机等。

与飞机着陆相比，舰载飞机在航母的飞行甲板上着舰更为困难，航母是一个长度有限的海上浮动平台，着舰环境涉及航母的运动和海上的大气紊流扰动。在这种扰动环境下，舰载飞机必须精确控制航迹，保持合适的速度、姿态以及相对航母的位置，对准着舰甲板中心线，才能安全着舰。

从 20 世纪初至二战期间，航母上没有装备专门的助降和着舰系统，那时由站在甲板一端的着舰引导官手持旗板打信号指挥飞机降落，当时的飞机是速度较低的螺旋桨飞机，依靠飞行员的目视着陆。飞行员都经过非常严格的训练，具有丰富经验。

二战后，美国把陆地使用的着陆雷达用于航母上的飞机着舰引导，由于这种系统只提供方位和距离信息，不提供仰角信息，飞行员很难控制下滑路径，而且给飞行员由观察仪表转换到目视飞行的时间极短，飞行员感到仓促与被动，所以这种着舰系统并没有成为着舰的主流设备，仅作为辅助设备使用。

1952 年英国首先发明了光学助降装置——助降镜，它是一面大曲率反射镜，装在舰尾的灯光照向镜面再反射到空中，给飞行员提供一个灯光下滑斜面，引导飞机安全降落到航母上。20 世纪 60 年代，英国又发明了菲涅耳透镜光学系统，它的原理与助降镜基本相同，但它提供的灯光信号更精确，更便于飞行员判断位置和修正误差。美国海军后来也采用了这种设备，作为目视着舰的主要手段。

1957 年，美国海军研制了以圆锥扫描跟踪雷达为基础的自动着舰系统，当飞机经过雷达的搜索窗口时，雷达跟踪飞机并将跟踪数据发送到计算机，在计算机中产生飞行控制指令，这些数据通过数据链发送给飞机上的机载设备，再送到自动驾驶仪，从而控制飞机的自动着舰。

20 世纪 80 年代以来，随着激光、红外、电视和计算机技术的飞速发展，各种新型的航空母舰光学助降设备先后出现，这些设备利用激光、红外或电视技术增强了目视能力，有效增强了飞行员在航母上着舰的安全性。

20 世纪 90 年代中期，随着以 GPS 为代表的全球卫星导航系统的出现，航母自动着舰系统家族中增加了一名强有力的成员——卫星导航自动着舰系统。据报道，美国雷神公司为美国海军研制的综合精密进近和着舰系统于 2001 年 7 月在潘图生河的海军试验中心用 F/A－18 飞机完成了首次自主着舰试验，据称该系统的性能已经达到最高水平甚至超出当时使用的所有着舰系统的水平。随着差分 GPS 技术的完善和推广，美国海军从 20 世纪 90 年代后期开始利用 GPS 军用信号增强军用飞机着航系统，这种增强的系统即联合精密进近与着陆系统（JPALS）。当 JPALS 用作航母着舰系统时，除了应对高精度和甲板运动的问题外，还需要考虑卫星导航信号的多径效应、电磁干扰和遮挡等。JPALS 是最具代表性的应用 GPS 的航母着舰系统，能为飞机提供高精度的引导，实现在航母自主着舰。

7.3.3　水下舰载导航

地球的表面主要由陆地和海洋组成，其中海洋占了总表面积的 70.8%，海洋广阔的地理分布以及蕴藏的丰富资源，成为各国军事力量极力争夺的重点。海洋的开发和利用，已成为决定国家兴衰的基本因素之一。

潜艇由于可长时间在水下隐蔽活动，有较强的侦察和突击能力以及强大的威慑力，已经成为各国海军重点装备，而在水下长时间隐蔽航行能力也成为了研制潜艇的一个重要目标。

水下航行有五类导航技术，分别是航位推算法、惯性导航系统、声学导航、地球物理导航、组合导航。

航位推算法是使用得最早和应用最多的导航方法，其原理是利用罗经测量运载体的航行方向角，用测速传感器测量航行器的运动速度，将水下航行器的速度对时间进行积分来获得位置。

惯性导航系统也是一种推算导航手段，但其使用的是加速度计测量航行器的加速度，对加速度进行两次积分就可以获得航行器的位移。以上这两种方法的主要问题是随着推算时间的增加，其得到的位置信息的误差也不断增大，其增长速度与海流、航行器的速度、测量传感器的精度有关。

声学导航主要是利用信标的水声通信来完成导航，目前还处于科研阶段，距实际应用还有距离。

地球物理导航主要是利用地理信息来进行导航，典型代表是水下地磁匹配导航。地磁场是地球本身固有的物理场，为航空、航天、航海提供了天然的坐标系。由于地磁场是矢量场，在地球附近空间内任意一点的地磁矢量都不同于其他点的矢量，且与该地点的经纬度一一对应，相对于时间和空间具有较好的稳定性。与其他水下导航方式相比，地磁匹配导航具有无源、无辐射、全天时、全天候的优良特点，且与陆地相比，水下的地磁场具有受外部磁场干扰小的"净化"特点，能够获得更高的精度。且地磁匹配导航能够克服目前主流的导航手段——卫星导航中的卫星信号无法覆盖水下的问题，因而成为了研究的热点之一。

组合导航则是利用不同的导航系统的特性，进行优势互补，使导航系统的精度和可靠性得到提高。组合导航系统具有：协调功能，即利用不同导航方法中各个导航子系统的信息并作融合处理，形成单个子系统所不具备的功能和精度；互补功能，即组合导航系统综合利用各子系统的信息和优点，进行子系统之间的优势互补，扩大系统的使用范围；余度功能，即各子系统感测同一信息源，测量值有余度，提高了导航系统的可靠性。由于组合导航系统的诸多优点，因此在水下导航中应用得最为普遍。其中的典型代表有卫星导航与惯性导航的组合导航系统。惯性导航系统由于其独具的自主导航特性，成为对隐蔽性要求高的水下导航的首选导航手段，但是惯性导航本质是一种推算定位系统，定位误差随时间积累，必须要定期校准来达到长时间高精度工作的目的。而卫星导航的定位精度高，误差不积累，但卫星信号不具备入水能力，利用卫星导航只能在水面以上进行。因此，利用这种组合导航系统，在水面以下主要采用惯性导航的推算导航，其在水下航行时积累的误差通过水面上的卫星导航信息进行修正。同时惯性导航还可以和其他的导航方式，如天文导航、地磁匹配导航、水下地形匹配导航等形成组合导航系统，对水下航行器进行导航。

水下导航技术越来越与计算机技术相结合，向着高精度、智能化的方向发展。

7.3.4 精密时间同步

卫星导航系统有别于其他导航系统的一个优势在于具有高精度授时功能。

所谓授时，就是通过导航系统的服务，使用户时钟与系统时钟同步。在军用数字通信网络中，可以利用全球卫星导航系统进行高精度的授时，为军用通信网络提供统一的时间标准，从而使通信网络速率同步，保证通信网络中的数据通信设备工作于同一标准频率上，将可能对数字通信系统带来的损害降至最低。

数字通信设备的标准工作频率决定通信系统能否正常工作，能否提供正确的信息传输服务，以及通信内容的可信度。在军用通信网络中，通常涉及军事机密的传递，战场指令的下达，各个通信网络之间的时间同步，是保证整个通信网络正常工作的关键。全球卫星导航系统的授时服务能够为军用通信系统提供准确的时间信息和稳定的时间频率，其授时精度可以达到 10 纳秒。

另外，全球卫星导航系统还可为战场精密武器进行时间同步，为每颗精密武器提供同一基准下的精确授时服务，这在战场上是十分有用的。一方面，有利于进行精密武器的战场管理，实时掌握武器的信息；另一方面，能够在短时间内利用精密武器对军事目标实施精确打击。例如，在伊拉克战争中，美国使用两枚精确制导炸弹，对伊拉克的地下军事设施进行打击，第一颗导弹起到了摧毁防护的作用，第二颗导弹紧随其后，沿着第一颗导弹破开的防护漏洞继续飞行，对地下目标进行打击。

7.3.5　协同一体化作战

· 名词解释

– 协同作战 –

所谓协同作战，指的是不同力量在不同的领域，围绕一个共同的目标一起作战，它包括多级、不同层面的协同。它可以指不同国家的军事力量围绕一个共同目标一起协同，也可以指不同军种之间的协同，或者是同一军兵种内的协同。

协同作战的前提是行动要统一，这就需要实时获取每个作战单位的位置和状况信息，从而进行指挥决策。全球卫星导航系统，是一种能够为陆海空每个作战单位提供高精度时间和位置信息的导航系统，并能够对时间进行同步，可以满足协同作战的要求。

在陆军的作战导航中，全球卫星导航系统可以为地球表面及附近的用户，提供 24 小时连续自主导航服务，用户只需要被动接收信号即可实现定位。卫星导航设备具有体积小、精度高、可靠性高等特点，陆军导航设备可分为手持式、车载式，可以集成到士兵的盔甲、武器上，可以安装在军用运输车辆、坦克上。全球卫星导航系统在陆军的应用主要有以下几个方面。

（1）简单定位和导航

在定位方面，卫星导航接收机能够使用户确定自己和友军的位置，有利于协同作战，更有利于形成无缝防守网络。在简单导航方面，若士兵已知目的地的坐标和自己现在的坐标，卫星导航设备能够在现在位置和目的地间连一条直线，并计算距离及路线方向。随着当前位置的变动，卫星导航设备还能够实时计算与目的地的距离和方向，引导人员、车辆正确到达目的地。

（2）最短路径导航

在士兵已知目的地位置和当前位置情况下，卫星导航设备可以根据要求，计算最短路径、用时最少的路径以及最安全的路径，等等，为士兵提供更多的路径选择。

（3）其他服务

其他服务包括载体的姿态测定服务、辅助计算到达目的地所需要的时间、所需燃料量等，将以上信息通过通信数据链传递给指挥中心，为战场实时监控提供可能，为快速战场搜救提供便利，有利于进行战场补给的配送。

在海军作战导航方面，海洋不同于陆地，在陆地上可以通过地形、地貌或标志性建筑物估计位置和方向，而海洋则是茫茫一片、一望无际，缺少参照物。因此，海洋上的导航将更加困难。在近代，海洋探险家们使用沙漏、四分仪、磁针等简单工具进行导航。在漫无边际的海洋上漂泊，由于无法掌握正确的方向，使得探险活动一次次成为不归之路。全球卫星导航系统的出现很好地解决了海洋上的导航问题，导航服务对全球进行无缝覆盖，能够实现用户的实时导航，精度高，抗天气、风浪的干扰能力强，能满足海军应用的各种需求。

（1）舰船的自主导航

自主导航适用于舰船的远洋导航、海岸导航、军事港口导航、内河导航、湖泊导航等，它的主要特征是不仅可以向用户提供位置、航速、航向和时间信息，而且可以显示海图航迹，不需要信息系统，适用于任何海面、湖面和内河上航行的舰船。

（2）航路及进港管理

航路管理主要用于近海和内陆河航路的军舰管理和导航，导航系统为舰船提供航向的同时也通过数据通信系统，将舰船的位置信息发送至指挥中心，进行舰船的航路监控与管理。舰船的进港管理主要指军港的军舰调度管理、进港舰船引导，以确保军港的安全和秩序。

（3）紧急救援

紧急救援用于战争中对受袭舰船的火力援助和救援，这种应用模式需要卫星导航系统向指挥中心发出自己的位置和航向数据，指挥中心再根据目标的目前位置和航向速度等信息，计算周围的战舰中能够在最短时间内到达目标的军舰，对周围军舰进行调度，能够实现最短时间内的紧急救援。

在空军作战导航方面，卫星导航能够为军用飞机提供飞行过程中的航路导航与航路监视，以及着陆时的精密进近。

（1）航路导航

航路主要指的是洋区和大陆空域航路，利用卫星导航系统的接收机自主完好性监测技术，可实现洋区航路对卫星导航系统的导航精度、完好性和可用性的要求，而且精度也能满足大陆空域航路的要求。

（2）进场/着陆

进场/着陆包括非精密进场/着陆，Ⅰ、Ⅱ、Ⅲ类精密进场着陆。卫星导航系统及其广域增强系统完全满足非精密进场/着陆对精度、完好性和可用性的要求。

（3）场面监视和管理

场面监视和管理包括终端飞机管理和机场场面监视/管理。场面监视和管理的目的就是要减少起飞和进场滞留时间，监视和调度机场的战机、车辆和人员，最大效率地利用终端空间和机场，以保证飞行安全。

（4）航路监视

航路监视是一种非相关监视，主要是利用各种雷达系统，可以和机载导航系统互成备份，但这种监视系统的机载设备复杂、成本高，监视精度随距离变化，作用距离有限，不能实现全球覆盖和无间隙监视。

全球卫星导航系统在各军兵种的配置，使得三军协同作战成为可能，从而增强了作战效能。

全球卫星导航系统可提供战场决策和指挥辅助功能，战场每个作战单元使用卫星导航设备，可为决策指挥者提供战场实时信息，有助于决策者分析战场局势、制订战略计划，真正实现"运筹帷幄之中，决胜千里之外"，同时还能详细了解每个作战单位的情况，合理调度，最大化发挥每个作战单位的作战效能，实现"战斗火力最优化配置"。

全球卫星导航系统还可提供协同作战导航功能，引导战场上的作战单位快速到达指定位置，并保持与友军的位置关系，实现步调一致，这些导航服务可包括目的地导航、预设路线导航、最佳路线导航等，可对无人机、舰艇、精确制导武器等进行导航。

全球卫星导航系统可提供战场防卫功能，辅助进行战场目标探测和快速锁定，尽早发现目标，尽快予以还击，形成陆海空一体的战场防卫系统，例如，可以辅助反导弹系统合理部署反导弹装置的位置，形成一个反导弹网络。

全球卫星导航系统还可实现协同作战的时间同步与通信系统时间同步，保证时间和行动的一致。利用全球卫星导航系统的精密授时服务，可以使战场上所有作战单位的时间和通信网络速度保持同步。

· 扩展阅读

– 叙利亚战争中的导航战 –

2018 年 4 月 13 日 21 时，美国总统特朗普下令美军联合英国、法国对叙利亚化学武器设施进行 "精准打击"，据报道，这次打击一共发射了约 110 枚导弹，精确打击了叙利亚境内的三处地点。

在这次美、英、法攻击叙利亚事件中，国内外媒体与技术部门均注意到 GPS 信号质量异常的情况，具体的表现是从当地时间 4 月 13 日 0 时开始，GPS 的民用信号受到了干扰，干扰一直持续到 4 月 17 日结束，图 7 - 20 上灰色的条形图表示了民用信号受干扰的时间起始，民用信号在被干扰的期间，落后 6 小时左右，也就是 13 日 6 时 01 分，GPS 的军用信号出现了功率增强，增强了大概 10 分贝左右，在 13 日的 18 时 36 分完成军用信号功率增强，在图上用橙色的条形线表示，在军用信号功率增强完成大概 6 小时后，也就是 14 日的 0 时 42 分，打击任务开始，整个打击任务持续了不到 2 小时，在图上用红色条形线表示。军用信号功率增强持续到 17 日的 0 时结束，随后民用信号干扰也结束。

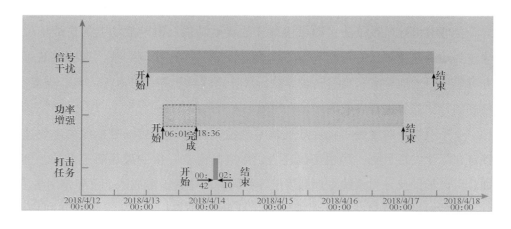

图 7 - 20　信号干扰和功率增强情况

各种媒体和技术部门对 GPS 信号质量异常现象，给出了几种不同的推测。一种推测是，叙利亚地区 GPS 信号异常，是美军主动关闭了该地区的 GPS 信号。另一种推测是，叙利亚地区 GPS 信号异常，是俄罗斯针对 GPS 信号实施了干扰攻击。此外，还有观点分析认为美军在该地区增强了 GPS 军用导航信号。

通过对当时全球各个地面监测站的数据，特别是对叙利亚附近的 3 个监测站的数据进行分析，得出结论：

①美军没有主动关闭叙利亚地区的 GPS 信号，这是由干扰引起的 GPS 信号质量异常。干扰由多个压制干扰源产生，且极有可能是俄罗斯或叙利亚释放的干扰。

②在空袭前和空袭期间美军在全球范围内对 GPS 军码信号进行功率增强，而并非是点波束增强。在打击任务开始前，全球的观测站都监测到军用信号 L1P、L2P 功率增强，普遍增强 3~5 分贝，最大增强 10 分贝。在打击任务期间，L1P 功率增强 5 分贝，L2P 功率增强 5 分贝。

③在空袭任务完成三天后军用信号调整回正常功率值，同时美军空袭中采用了具备阵列抗干扰能力的制导炸弹，这说明美军已有专门的导航战作战理论，并且已经用在了实战中，并在实战中不断验证和完善。

由此可以得到以下启示：

（1）现代战争中，导航战体系是军队作战体系不可或缺的重要组成部分，应该加强导航战体系顶层设计，在军队作战筹划中加入导航战筹划环节。

（2）如果具备卫星导航态势感知能力，就可以提前推断敌方的军事意图，还可以为己方提供导航战筹划的技术支撑。若在全球区域布设 GNSS 信号监测与各种干扰监测装备、建立卫星导航全球态势实时感知处理中心，就可以实现对全球地区卫星导航信号质量和干扰情况的实时监测，为导航战筹划提供实时态势依据。

（3）卫星导航对抗能力是决定导航战胜负，进而决定战争胜负的重要因素之一，导航对抗能力由导航战体系、导航战战术战法、导航装备对抗性能等综合决定。

– 美国弹性 PNT 的构建 –

2021 年 5 月 17 日，美国兰德公司发布《对更具弹性的国家定位、导航与授时能力的分析》报告，研究美国如何构建更具弹性的国家 PNT 能力，得出以下结论：

1. GPS 服务的中断对总体 PNT 能力影响有限

首先，GPS 不是 PNT 体系的唯一组成部分，PNT 体系还包括欧洲 Galileo 系统。其次，各种替代 GPS 的导航系统也在发展，包括应急技术，如手动路线图导航技术，使 PNT 体系在全国范围内的稳健性得到提高。当 GPS 中断导致难以采用自动化方式执行任务时，还可以采用手动策略。此外，下一代智能手机无线电导航功能、车辆计算机视觉技术等新兴技术的出现，将进一步提高 PNT 体系的稳健性。最后，GPS 中断所产生的损失并非不可承受，即使是可能影响整个国家的较大规模中断，每天的损失也有限，且重大的破坏不可能持续数天以上。

2. 美国政府没必要对 GPS 备用系统进行大规模投资

首先，当 GPS 遭受破坏时还可以使用其他的天基导航系统，如 Galileo 系统。其次，除非爆发核战争，GPS 卫星直接成为目标并被摧毁，否则任何情况均不可能使 GPS 系统中断数天以上。最后，已经开展了各种备份 GPS 的研制计划，如"第一网络"计划，在该备用系统所覆盖的地区内，可以替代几乎所有使用 GPS 信号的经济活动。

3. 继续开发新的 PNT 系统为 GPS 运行提供补充

可以发展经过时间检验稳健的 GPS 备用方案，在 GPS 运行时实现互补。

4. 将国家 PNT 体系的分散性和多样性视为优势

不同类型的 PNT 系统所面临的威胁各不相同，通常情况下，PNT 系统的部署位置越集中，或物理上的局限性越大，就越容易受到攻击。分散化、互补性部署有助于降低整体风险。

5. 尽量避免当前和未来的导航系统对 GPS 过度依赖

在各种应用中，系统的完好性和真实性验证至关重要，应该采用不同传感器或来源的数据，尽可能避免其对 GPS 系统过度依赖。

– 太空中的航天器能用卫星导航系统定位吗？ –

目前围绕地球运行的四大全球卫星导航系统的卫星，大多数都带有指向地球表面的定向天线，天线中大部分能量向地球表面辐射，能够为地面以及距离地面 3 000 千米以下高度的用户提供导航服务。而对于距离地球表面更远的空间飞行器，如月球上的航天器，距地约 385 000 千米，能否用卫星导航系统来定位呢？答案是可以的！

一方面，月球上的航天器，可以接收来自地球同一侧卫星的旁瓣信号，或者另一侧卫星的主瓣和旁瓣信号，根据计算，在月球表面可接收的卫星导航信号强度只有地面用户的 1/1 000。另一方面，由于月球距离卫星较远，可见卫星的空间几何分布相比地面表面要差很多，导致定位时的位置精度因子急剧变大。由于以上两个原因，在月球上的航天器利用卫星导航系统进行定位时，单点定位精度为数千米。

为了提高深空航天器的定位精度，NASA 在 2015 年发射了 4 颗卫星执行"磁层多尺度探测"任务。4 颗卫星以最小间距飞行，彼此间只有 10 千米，形成四面体，每颗卫星都位于四面体的一个顶点上，四面体所围的空间内若有飞行体飞过，可以用这 4 颗卫星进行定位。这样就实现了 150 000 千米高度上的卫星导航功能，其定位精度高达 10 米。

参考文献

［1］　昂海松．航空航天概论［M］．北京：科学出版社，2008．

［2］　白钰．"北斗"导航定位系统在军事上的应用及系统发展应注意的几个问题［J］．黑龙江科技信息，2007（01）：16＋188．

［3］　陈健，班飞虎．量子信息技术对军事领域的主要影响［J］．军事文摘，2020（09）：20－23．

［4］　陈士清．星站差分GPS在远海打桩定位中的应用［J］．铁道建筑技术，2019（12）：147－152．

［5］　陈豫蓉．5G与北斗高精度定位融合发展趋势分析［J］．电信工程技术与标准化，2020，33（04）：1－6．

［6］　邓翠婷，黄朝艳，赵华，等．地磁匹配导航算法综述［J］．科学技术与工程，2012，12（24）：6125－6131．

［7］　丁硕．基于北斗GEO卫星的精密共视时间频率传递方法研究［D］．北京：中国科学院大学（中国科学院国家授时中心），2021．

［8］　段萍萍．舰载飞机着舰过程动力学性能分析［D］．南京：南京航空航天大学，2013．

［9］　冯林刚，赵永贵．星基差分GPS-StarFire系统［J］．测绘通报，2006（11）：6－8．

［10］ 干国强，邱致和．导航与定位：现代战争的北斗星［M］．北京：国防工业出版社，2000．

［11］ 高书亮，杨东凯，洪晟．Galileo 系统导航电文介绍［J］．全球定位系统，2007（04）：21 − 25．

［12］ 高为广，楼益栋，刘杨，等．卫星导航系统差分增强技术发展研究［J］．测绘科学，2013，38（01）：51 − 53 + 67．

［13］ 高星伟．全球导航卫星系统（GLONASS）［J］．测绘通报，2001（3）：6．

［14］ 郭才发，胡正东，张士峰，等．地磁导航综述［J］．宇航学报，2009，30（04）：1314 − 1319 + 1389．

［15］ 郭树人，蔡洪亮，孟轶男，等．"北斗三号"导航定位技术体制与服务性能［J］．测绘学报，2019，48（07）：810 − 821．

［16］ 郭树人，刘成，高为广，等．卫星导航增强系统建设与发展［J］．全球定位系统，2019，44（02）：1 − 12．

［17］ 郭信平，曹红杰．卫星导航系统应用大全［M］．北京：电子工业出版社，2011．

［18］ 韩勇强，李利华，陈家斌，等．地面无人作战平台导航技术发展现状与趋势［J］．导航与控制，2020，19（21）：96 − 110．

［19］ 衡燕，丰超，李雁斌．天地一体制导技术在远程精确打击体系中的应用前景［J］．制导与引信，2018，39（04）：1 − 4．

［20］ 黄玉．地磁场测量及水下磁定位技术研究［D］．哈尔滨：哈尔滨工程大学，2012．

［21］ 贾万波，王宏力，杨建飞．景象匹配辅助导航在弹道导弹末制导中的应用［J］．战术导弹技术，2009（05）：62 − 65 + 92．

［22］ 黎蓉．水下无人航行器导航定位数据融合技术研究［J］．信息记录材料，2023，24（12）：129 − 130 + 133．

［23］ 李东兵，杨文钰，沈玉芃．美国不依赖 GPS 的 PNT 技术发展现状研

究［J］. 飞航导弹，2020（12）：93 – 98.

[24]　李敏，黄腾达，李文文，等. 低轨导航增强技术发展综述［J］. 测绘地理信息，2024，49（01）：10 – 19.

[25]　李晓芳，王娜，史德杰. 雷达卫星遥感的发展及应用现状［J］. 卫星应用，2013（05）：44 – 50.

[26]　李跃，邱致和. 导航与定位［M］. 第 2 版. 北京：国防工业出版社，2008.

[27]　林沂，孙晶京，闫旭. 地磁导航定位技术原理与方法综述［J］. 全球定位系统，2023，48（06）：32 – 41.

[29]　刘春保. 美国国家 PNT 体系与 PNT 新技术发展［J］. 卫星应用，2016（04）：34 – 39.

[29]　刘钝，甄卫民，张风国，等. PNT 系统体系结构与 PNT 新技术发展研究［J］. 全球定位系统，2015，40（02）：48 – 52.

[30]　刘基余. 北斗卫星导航系统的现况与发展［J］. 遥测遥控，2013，34（03）：1 – 8.

[31]　刘美生. 全球定位系统及其应用综述（一）：导航定位技术发展的沿革［J］. 中国测试技术，2006（05）：1 – 7.

[32]　刘晓春. 基于实时图与卫片的景象匹配导航技术研究［D］. 长沙：国防科学技术大学，2010.

[33]　刘亚云. 地磁匹配导航算法及地磁场模拟系统研究［D］. 哈尔滨：哈尔滨工业大学，2012.

[34]　卢鋆，张弓，陈谷仓，等. 卫星导航系统发展现状及前景展望［J］. 航天器工程，2020，29（04）：1 – 10.

[35]　路文娟，王赟. GPS、GLONASS 系统的概况与比较［J］. 技术与市场，2006（08）：55 – 57.

[36]　罗锡文，周志艳，李庆，等. 基于地图匹配的导航定位数据模糊校正算法［J］. 江苏大学学报（自然科学版），2006（05）：396 – 400.

［37］ 毛悦，孙中苗，贾小林，等．量子导航技术发展现状分析［J］．全球定位系统，2023，48（04）：19 – 23.

［38］ 庞艳珂，韩磊，张民权，等．攻击型巡飞弹技术现状及发展趋势［J］．兵工学报，2010（S2）：149 – 152.

［39］ 齐广峰，吕军锋．MEMS 惯性技术的发展及应用［J］．电子设计工程，2015，23（01）：87 – 89 + 92.

［40］ 钱天爵，瞿学林．GPS 全球定位系统及其应用［M］．北京：海潮出版社，1993.

［41］ 饶建国，董金鑫．信息战中的导航作战［J］．舰船电子对抗，2004（06）：6 – 11 + 25.

［42］ 施航，闫莉萍，刘宝生，等．景象匹配辅助的 GPS/SINS 组合导航算法［J］．清华大学学报（自然科学版），2008（07）：1182 – 1185 + 1189.

［43］ 施建平，楼楠．日本全球定位系统永久性跟踪站网的现代化［J］．全球定位系统，2015，40（03）：87 – 90 + 93.

［44］ 史连艳，宋文渊．地磁匹配制导在飞航导弹中的应用研究［J］．飞航导弹，2009（02）：44 – 48.

［45］ 吴显兵．广域实时精密差分定位系统关键技术研究［D］．西安：长安大学，2017.

［46］ 孙雪淋．基于北斗授时系统的恒温晶振驯服守时技术研究［D］．绵阳：西南科技大学，2021.

［47］ 谭述森，周兵，郭盛桃，等．我国全球卫星导航信号研究进展［C］∥全国第二届导航年会论文集，2011：225.

［48］ 田世伟．从"传统"到"协同"：卫星导航增强理论与方法研究［D］．南京：解放军理工大学，2015.

［49］ 涂传宾．基于磁通门传感器的微弱磁场检测技术研究［D］．沈阳：沈阳工业大学，2013.

［50］ 王茹．巡航导弹制导技术综述［J］．电子制作，2014（02）：269.

[51]   吴广华，张杏谷．卫星导航［M］．北京：人民交通出版社，1998.

[52]   谢钢．GPS 原理与接收机设计［M］．北京：电子工业出版社，2012.

[53]   谢军，刘庆军，边郎．基于北斗系统的国家综合定位导航授时
（PNT）体系发展设想［J］．空间电子技术，2017，14（05）：1－6.

[54]   谢军，王海红，李鹏，等．卫星导航技术［M］．北京：北京理工大
学出版社，2018.

[55]   徐博．伪卫星增强条件下的 GNSS 测量与定位技术研究［D］．长沙：
国防科学技术大学，2019.

[56]   徐瑞，朱筱虹，赵金贤．匹配导航标准现状与标准体系分析［J］．地
理空间信息，2012，10（03）：1－6.

[57]   许龙霞，任烨，何雷，等．EGNSS 授时服务安全性发展综述［J］．时
间频率学报，2021，44（02）：102－112.

[58]   许妙强．网络 RTK 下区域电离层延迟改正模型建立及算法研究［D］.
合肥：安徽理工大学，2020.

[59]   薛连莉，陈少春，陈效真．2017 年国外惯性技术发展与回顾［J］.
导航与控制，2017，17（02）：1－9＋40.

[60]   杨昆，康戈文，李洪．重力场和地磁场综合匹配在导航中的运用
［J］．船海工程，2010，39（01）：129－131.

[61]   杨兴耀．仪表着陆与伏尔导航系统的研究与实现［D］．西安：西安
电子科技大学，2010.

[62]   杨元喜．弹性 PNT 基本框架［J］．测绘学报，2018，47（07）：
893－898.

[63]   袁会昌，刘光斌．地形辅助导航系统的关键技术［J］．现代电子技
术，2002（01）：75－77.

[64]   张凤国，张红波．美国 PNT 体系结构研究方法［J］．全球定位系统，
2016，41（01）：24－31.

[65]   张红梅，赵建虎．水下导航定位技术［M］．武汉：武汉大学出版

社，2006.

[66] 张鹏飞. GNSS 载波相位时间传递关键技术与方法研究［D］. 北京：
中国科学院大学（中国科学院国家授时中心），2019.

[67] 赵蓓. RTK 系统中整周模糊度求解技术研究［D］. 长沙：国防科学
技术大学，2009.

[68] 赵爽. 国外卫星导航增强系统发展概览［J］. 卫星应用，2015
（04）：34 – 35.

[69] 赵曦，赵建虎. 水下地形匹配导航现状及发展趋势［J］. 哈尔滨工程
大学学报，2023，44（11）：1927 – 1936.

[70] 赵禹. GNSS 广域差分定位及增强技术研究［D］. 哈尔滨：哈尔滨工
程大学，2018.

[71] 郑彬. 精密单点定位理论与方法研究［D］. 长沙：国防科学技术大
学，2017.

[72] 郑伟，王禹淞，姜坤，等. X 射线脉冲星导航空间试验进展与展望
［J］. 航空学报，2024，45（06）：271 – 283.

[73] 周军，葛致磊，施桂国，等. 地磁导航发展与关键技术［J］. 宇航学
报，2008（05）：1467 – 1472.

[74] 周伟，丁健，李梅. 2010 年美国巡航导弹的发展特点分析［J］. 飞航
导弹，2011（05）：29 – 32.

[75] BENCZE W，LEDVINA B，HUMPHREYS T，et al. Combining Iridium
with GPS（iGPS）and other R&D at Coherent Navigation［C］//Stanford
PNT Symposium 2009，Palo ALto，Califonia. 2009 of Conference.

[76] COHEN C E，WHELAN D A，BRUMLEY R W，et al. Low earth orbit
satellite providing navigation signals：US 7579987［P］. 2009 – 8 – 25.

[77] COHEN C E，WHELAN D A，BRUMLEY R W，et al. Generalized high
performance navigation system：US 8296051［P］. 2012 – 10 – 23.

[78] COHEN C E，WHELAN D A，BRUMLEY R W，et al. Low earth orbit

satellite data uplink: US 7583225 [P]. 2009 − 9 − 1.

[79]   Iridium and GPS revisited: A new PNT solution on the horizon? [EB/
        OL]. http://gpsworld. com/iridium − and − gps − revisited − a − new −
        pnt − solution − on − the − horizon.

[80]   JOERGER M, GRATTON L, PERVAN B, et al. analysis of iridium
        augmented GPS for floating carrier phase positioning [J]. Annual of
        navigation, 2010, 57 (2): 137 − 160.

[81]   PRATT J, AXELRAD P, LARSON K M, et al. Satellite clock bias
        estimation for iGPS [J]. GPS Solution, 2013, 17: 381 − 389.

[82]   PRATT J. New Time and Multipath Augmentations for the Global Positioning
        System [D]. Aerospace Engineering Sciences, University of Colorado
        Boulder, 2015.

[83]   WHELAN D, GUTT G, ENGE P. Boeing Timing and Location An Indoor
        Capable Time Transfer and Geolocation System [C] //SCPNT 2011, 2011.

[84]   WHELAN D, ENGE P, GUTT G. iGPS: Integrated Nav & Com
        Augmentation of GPS [C] //Stanford PNT Symposium 2010, Palo ALto,
        Califonia. 2010 of Conference.